职业教育 BIM 应用技术系列教材

广联达 BIM 钢筋及土建软件应用教程

主　编　刘　霞

副主编　冯均州　沈瑜兰　邹　胜

参　编　张玲玲　张　弛　吴杏花

主　审　练志兰

机械工业出版社

本书分三个模块，模块一 广联达BIM钢筋工程量计算，包括13个项目，从新建工程到各类钢筋工程量计算；模块二 广联达BIM土建工程量计算，包括15个项目，从新建工程到各类土建工程量计算；模块三 CAD识别，包括7个项目，所需的基本操作和各类结构构件的识别。每个项目均设有学习目标，大部分项目都设有学习拓展，帮助学生们明确学习方向，巩固所学知识，提升操作技能。

本书作为校企合作编写教材，具有文字通俗易懂、图片直观、操作内容贴近工作实际、突出实际应用的特色。教材配套图纸来自于工程实际，图纸简单易懂，更适合初学者自主学习。教材中每个知识点配备操作视频的二维码，可通过扫码的方式观看建模视频，有助于学习者巩固建模的基本流程。

本书可作为职业院校（包含五年制）造价专业教材，也可作为广联达BIM钢筋及土建软件应用相关培训用书，还可作为相关自学者学习用书。

为便于教学，本书配有电子课件、微课视频、配套图纸等教学、学习资料，选择本书作为教材的教师可登录http://www.cmpedu.com（机械工业出版社教育服务网）进行注册、免费下载。编辑电话：010-88379934。

图书在版编目（CIP）数据

广联达BIM钢筋及土建软件应用教程/刘霞主编. —北京：机械工业出版社，2020.6（2023.8重印）
职业教育BIM应用技术系列教材
ISBN 978-7-111-64930-4

Ⅰ.①广… Ⅱ.①刘… Ⅲ.①钢筋混凝土结构-结构设计-计算机辅助设计-应用软件-职业教育-教材②土木工程-建筑设计-计算机辅助设计-应用软件-职业教育-教材 Ⅳ.①TU201.4

中国版本图书馆CIP数据核字（2020）第035660号

机械工业出版社（北京市百万庄大街22号 邮政编码100037）
策划编辑：沈百琦 责任编辑：沈百琦
责任校对：陈 越 封面设计：马精明
责任印制：任维东
北京市雅迪彩色印刷有限公司印刷
2023年8月第1版第5次印刷
184mm×260mm·14.75印张·356千字
标准书号：ISBN 978-7-111-64930-4
定价：59.80元

电话服务	网络服务
客服电话：010-88361066	机 工 官 网：www.cmpbook.com
010-88379833	机 工 官 博：weibo.com/cmp1952
010-68326294	金 书 网：www.golden-book.com
封底无防伪标均为盗版	机工教育服务网：www.cmpedu.com

前言

2015 年 6 月，为推动建筑信息模型(BIM)的应用，我国住房和城乡建设部研究制定了《关于推进建筑信息模型应用的指导意见》并提出：到 2020 年末，建筑行业甲级勘察、设计单位以及特级、一级房屋建筑工程施工企业应掌握并实现 BIM 与企业管理系统和其他信息技术的一体化集成应用。2016 年 12 月 2 日，住房和城乡建设部发布国家标准《建筑信息模型应用统一标准》(GB/T 51212—2016)，并于 2017 年 7 月 1 日起实施。

2019 年 4 月，国务院印发的《国家职业教育改革实施方案》中明确提出，从 2019 年开始，在职业院校、应用型本科高校启动"学历证书+若干职业技能等级证书"制度试点（即 1+X 证书制度），旨在落实"放管服"改革要求，引导以社会化机制建设新型的职业技能水平评价证书，并在院校开展 1+X 证书制度试点，推动"学历证书"与"职业技能等级证书"深度融合，同步促进教师、教材、教法改革，加快培养市场急需的高素质复合型技术技能人才，进而畅通技术技能人才的成长通道。

2019 年 5 月和 6 月，为贯彻落实《国家职业教育改革实施方案》和《关于在院校实施"学历证书+若干职业技能等级证书"制度试点方案》的精神，先后两次召开了"1+X"建筑信息模型（BIM）职业技能等级证书制度试点工作会议，2019 年 9 月，9 省（市）同时进行"1+X"建筑信息模型（BIM）职业技能等级证书首次开考。

本书讲解了广联达 BIM 钢筋算量软件 GGJ 2013 和广联达 BIM 土建算量软件 GCL 2013 的建模方法，其内容分为广联达 BIM 钢筋工程量计算、广联达 BIM 土建工程量计算、CAD 识别三个模块，按照先钢筋后土建，先手工建模后 CAD 识别，先识别施工图后软件建模的流程进行讲解，并通过知识拓展，补充相关知识点的学习和软件操作技巧，便于读者全面掌握相关的知识和技能。

本书的开发体现了"课证融通"的实践。一直以来，岗位证书对建筑类从业人员有相当重要的意义，所以在编写本书的过程中，不仅要考虑建筑专业的职业岗位群的职业能力培养，而且要兼顾教材内容与建筑专业或软件专业的国家认可部门颁发的职业资格证书及技能鉴定标准对接，还应该涵盖相关考证的内容。对于高职类院校的学生而言，还需涵盖 BIM 软件类技能大赛的内容。为了满足高职类院校的教学需求，本书内容的选取考虑了以下三方面："1+X"建筑信息模型（BIM）职业技能等级证书的基本要求、软件公司应用资格认证等级证书实际要求、江苏省 BIM 软件类大赛的具体要求。因此，学校联合企业、软件公司多方专家共同开发了本书。高职院校的教师了解自己学生的学情和认知特点；企业工程师作为建筑一线的工作者，具有丰富的实践经验，软件公司工程师熟悉软件建模操作及考证要求，所以，希望三方联合编制本书能够达到提高学习者的职业素养、实现学习成果和工作岗位需求的零接缝的目的。

　　本书由江苏联合职业学院苏州建设交通分院刘霞老师主持编写，由苏州建设交通分院的冯均州老师、沈瑜兰老师，中亿丰建设集团股份有限公司的总工程师邹胜任副主编，由广联达科技股份有限公司的工程师张玲玲参与编写及审核 BIM 模型，由苏州东吴建筑设计院有限责任公司的高级工程师张弛和国电南瑞科技股份有限公司的高级工程师吴杏花参与编写及审核图纸，由苏州建设交通分院的练志兰老师进行全文的审核工作。

　　由于编者水平有限，书中疏漏及不当之处在所难免，敬请广大读者批评指正，以便及时修订和完善。

编　者

本书二维码清单

模 块 一					
名　　称	图　形		名　　称	图　形	
项目 1　新建工程			项目 2　建立轴网		
项目 3　首层柱钢筋工程量计算			项目 4　首层梁钢筋工程量计算		
项目 5　首层板钢筋工程量计算			项目 6　首层砌体墙工程量计算		
项目 7　首层门窗工程量计算			项目 8　构造柱、圈梁、过梁钢筋工程量计算		
项目 9　第二、三层结构钢筋工程量计算			项目 10　屋面层、屋架层结构钢筋工程量计算		
项目 11　基础层钢筋工程量计算			项目 12　楼梯钢筋工程量计算		
项目 13　汇总计算和查看钢筋量					

模　块　二					
名　　称	图　形		名　　称	图　形	
项目 1　新建工程			项目 2　首层柱的工程量计算		
项目 3　首层梁的工程量计算			项目 4　首层板的工程量计算		
项目 5　首层砌体墙的工程量计算			项目 6　首层门窗、洞口的工程量计算		
项目 7　构造柱、圈梁、过梁的工程量计算			项目 8　楼梯的工程量计算		
项目 9　台阶、坡道、散水的工程量计算			项目 10　平整场地、建筑面积工程量计算		
项目 11　女儿墙的工程量计算			项目 12　屋面工程量计算		
项目 13　独立基础、垫层工程量计算			项目 14　土方工程量计算		
项目 15　首层装修工程量计算					

本书二维码清单

模　块　三				
名　　称	图　形	名　　称	图　形	
项目 2　导入 CAD 图和图纸整理		项目 3　导入楼层表		
项目 4　识别轴网和识别柱		项目 5　识别梁		
项目 6　识别板筋		项目 7　识别基础		

目录

模块二 02 广联达BIM土建工程量计算

模块三 03　CAD识别

模块一　广联达BIM钢筋工程量计算

项目 1

新建工程

学习目标

- 能够根据图纸"某市派出所设计总说明",完成新建工程的工作。
- 能够根据图纸完成计算设置工作(包括节点设置、箍筋设置、搭接设置、箍筋公式)。
- 能够根据结构图纸的立面图进行楼层的建立和设置。

任务 1　识读施工图

新建工程

在工程信息中,结构类型、设防烈度、檐高决定建筑的抗震等级;抗震等级会影响钢筋的搭接和锚固的长度,从而会影响最终钢筋量的计算。因此,需要根据实际工程的情况进行输入,通过识读图纸可获得以下信息:

结构类型:根据图纸结施 001(1)的 1.4 可知,本工程是框架结构。

设防烈度:根据图纸结施 001(1)的 2.1 可知,本工程抗震设防烈度为 7 度。

檐高:根据图纸建施 010 可知,本工程建筑物檐口高度为 14.4m。

抗震等级:根据图纸结施 001(1)的 2.2 可知,本工程抗震等级为三级。

任务 2　软件操作

一、新建工程及设置相关信息

(1)在桌面上或者在开始菜单中,启动广联达 BIM 钢筋算量软件 GGJ2013,进入"欢迎使用 GGJ2013" 界面，如图 1-1-1 所示。本教材使用的钢筋算量软件版本号为 12.8.0.2676。

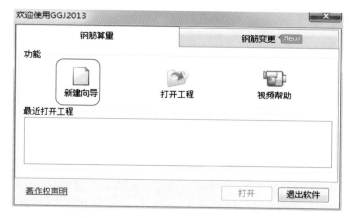

图 1-1-1 "欢迎使用 GGJ2013" 界面

（2）单击图 1-1-1 中"新建向导"按钮，进入"新建工程：第一步，工程名称"界面，输入及或者在下拉菜单中选择相应信息。在"工程名称"输入工程图纸的名称，本工程名称为"某市派出所"，注意保存时会以此工程名称作为文件名；在"计算规则"的下拉菜单中选择"16系平法规则"。在"损耗模板"的下拉菜单中，根据工程实际选择是否计算损耗，本工程选择"不计算损耗"；在"报表类别"的下拉菜单中选择"全统（2000）"，在"汇总方式"的下拉菜单中有两种选择，分别为"按外皮计算钢筋长度"和"按中轴线计算钢筋长度"，本工程选择"按外皮计算钢筋长度（不考虑弯曲调整值）"，如图 1-1-2 所示。

（3）单击图 1-1-2 中"下一步"按钮，进入"新建工程：第二步，工程信息"界面，

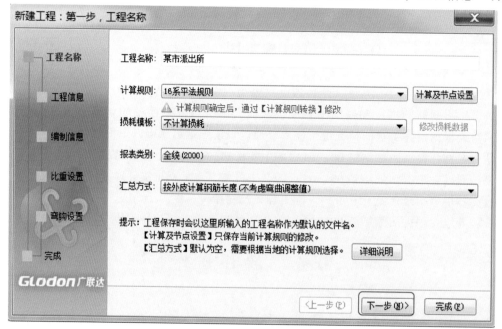

图 1-1-2 "新建工程：第一步，工程名称"界面

输入相应信息。在工程信息中，黑色字体信息为选填项，蓝色字体信息为必填项。结构类型、设防烈度、檐高、抗震等级等选项应该严格按照工程图纸内容输入。本工程的主要工程信息如图 1-1-3 所示。

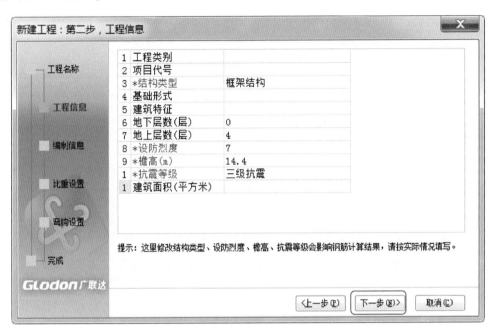

图 1-1-3 "新建工程：第二步，工程信息"界面

（4）单击图 1-1-3 中"下一步"按钮，进入"新建工程：第三步，编制信息"界面，可根据实际工程情况填写建设、设计、施工单位等相应的内容，也可不填，但软件会默认新建工程的日期为编制日期，如图 1-1-4 所示。

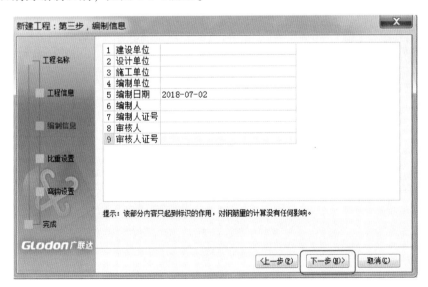

图 1-1-4 "新建工程：第三步，编制信息"界面

（5）单击图 1-1-4 中"下一步"按钮，进入"新建工程：第四步，比重设置"界面，

设置各类钢筋的比重。比重设置会直接影响钢筋工程量，因此需要按照工程实际情况来设置。本工程考虑到目前市场上直径为 6mm 的钢筋较少，一般用直径为 6.5mm 的钢筋代替，所以把直径为 6mm 的钢筋的比重修改为直径为 6.5mm 的钢筋的比重，如图 1-1-5 所示。

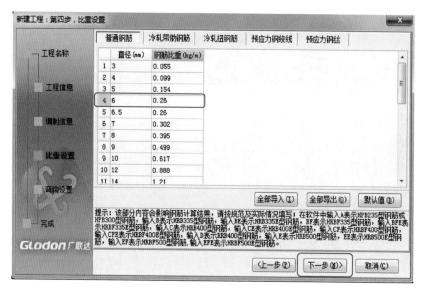

图 1-1-5 "新建工程：第四步，比重设置"界面

（6）单击图 1-1-5 中"下一步"按钮，进入"新建工程：第五步，弯钩设置"界面，在这里需要根据实际工程设置钢筋的弯钩，本工程按软件默认设置，如图 1-1-6 所示。

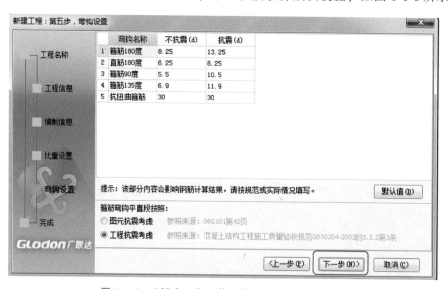

图 1-1-6 "新建工程：第五步，弯钩设置"界面

（7）单击图 1-1-6 中"下一步"按钮，进入"新建工程：第六步，完成"界面，此界面会显示工程信息和编制信息，检查无误后单击"完成"按钮，如图 1-1-7 所示。

（8）此时，工程基本信息已建立完毕。若需修改，在"模块导航栏"中依次单击"工程信息""比重设置"等，修改所需项，如图 1-1-8 所示。

新建工程：第六步，完成 ✕

工程名称

工程信息

编制信息

比重设置

弯钩设置

完成

Glodon 广联达

〈上一步(P)〉   完成(F)   取消(C)

一、工程信息
1、工程类别：
2、项目代号：
3、*结构类型：框架结构
4、基础形式：
5、建筑特征：
6、地下层数(层)：0
7、地上层数(层)：4
8、*设防烈度：7
9、*檐高(m)：14.4
10、*抗震等级：三级抗震
11、建筑面积(平方米)：
二、编制信息
1、建设单位：
2、设计单位：
3、施工单位：
4、编制单位：
5、编制日期：2018-07-02
6、编制人：
7、编制人证号：
8、审核人：
9、审核人证号：

图 1-1-7 "新建工程：第六步，完成"界面

注意：在"工程信息"中，"计算规则"无法直接修改，在填写时一定要保证正确无误。

广联达BIM钢筋算量软件 GGJ2013 - [C:\Users\Lenovo\Documents\GrandSoft Projects\GG

文件(F) 编辑(E) 视图(V) 工具(T) 云应用(Y) BIM应用(I) 在线服务(S) 帮助(H) 版本号(B)

模块导航栏

工程设置

工程信息
比重设置
弯钩设置
损耗设置
计算设置
楼层设置

	属性名称	属性值
1	工程信息	
2	工程名称	某市派出所
3	项目代号	
4	工程类别	
5	*结构类型	框架结构
6	基础形式	
7	建筑特征	
8	地下层数(层)	0
9	地上层数(层)	4
1	*设防烈度	7
1	*檐高(m)	14.4
1	*抗震等级	三级抗震
1	建筑面积(平方米)	
1	工程设置	
1	损耗模板	不计算损耗
1	报表类别	全统(2000)
1	计算规则	16系平法规则
1	汇总方式	按外皮计算钢筋长度(不考虑弯曲调整值)
1	编制信息	
2	建设单位	
2	设计单位	
2	施工单位	
2	编制单位	
2	编制日期	2018-07-02
2	编制人	
2	编制人证号	
2	审核人	
2	审核人证号	

图 1-1-8 工程信息

二、建立楼层

在"模块导航栏"中单击"楼层设置",识读图纸数据,输入楼层信息。

识读图纸结施 006 右上角的楼层表(图 1-1-9)可以知道,本工程需建立 6 层:基础层、首层、第 2 层、第 3 层、第 4 层、屋面。

结合图纸结施 006 中楼层表,楼层建立过程如下:

(1)建立楼层一般按照从下到上的顺序,软件默认已经建立首层和基础层。分析图纸结施 004,基础层的层高位置输入"3.77",板厚按照默认设置。

(2)根据图纸结施 006 和建施 010,首层的结构底标高输入"-0.03",层高输入"3.9",如图 1-1-10 所示,板厚本层最常用的为 100mm。

屋架	16.600
屋面	14.100
4	10.770
3	7.470
2	3.870
1	-0.030
层号	标高(m)

结构层楼面标高(F)

梁顶标高

图 1-1-9 楼层表

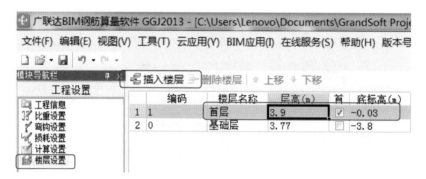

图 1-1-10 插入楼层

(3)选择首层所在的行,单击"插入楼层"按钮,添加第 2 层,根据图纸建施 010,第 2 层的高度输入"3.6",本层最常用的板厚为 100mm。

(4)按照第 2 层的建立方法,建立第 3~5 层。第 3 层的层高为 3.300m,第 4 层的层高为 3.330m,第 5 层的层高为 2.5m,把第 5 层的名称修改为"屋面",如图 1-1-11 所示。

文件(F) 编辑(E) 视图(V) 工具(T) 云应用(Y) BIM应用(I) 在线服务(S) 帮助(H) 版本号(B) 新建变更 ▼

模块导航栏

工程设置

工程信息 比重设置 弯钩设置 损耗设置 计算设置 楼层设置

插入楼层 删除楼层 上移 下移

	编码	楼层名称	层高(m)	首层	底标高(m)	相同层数	板厚(mm)
1	5	屋面	2.5	☐	14.1	1	100
2	4	4	3.33	☐	10.77	1	100
3	3	3	3.3	☐	7.47	1	100
4	2	2	3.6	☐	3.87	1	100
5	1	1	3.9	☑	-0.03	1	100
6	0	基础层	3.77	☐	-3.8	1	500

图 1-1-11 楼层设置

注意:本工程没有地下室,如需建立地下室,需要先选择基础层所在的行,单击"插入楼层",此时编码为"-1",即新增了地下一层。

在完成楼层建立后，接着要完成各楼层缺省钢筋设置，混凝土标号的设置，钢筋锚固和搭接的设置，各构件保护层的设置。

根据图纸结施 001（1）和 001（2）结构设计总说明，修改各构件的混凝土保护层厚度和混凝土标号，具体如下：地下为二 a 类环境，基础保护层厚度为 50mm，基础梁保护层厚度为 25mm；地上为一类环境，梁、柱保护层厚度为 20mm，板保护层厚度为 15mm；基础垫层的混凝土标号为 C15，基础、柱、梁、板的混凝土标号为 C30，构造柱、圈梁的混凝土标号为 C25，修改后颜色将显示为黄色，如图 1-1-12 所示。

楼层默认钢筋设置(基础层, -3.80m~-0.03m)

	砼标号	锚固						搭接						保护层厚度(mm)
		HPB235(A)HPB300(A)	HRB335(B)HRB335E(BE)HRBF335(BF)HRBF335E(BFE)	HRB400(C)HRB400E(CE)HRBF400(CF)HRBF400E(CFE)RRB400(D)	HRB500(E)HRB500E(EE)HRBF500(EF)HRBF500E(EFE)	冷轧带肋	冷轧扭	HPB235(A)HPB300	HRB335(B)HRB335E(BE)HRBF335(BF)HRBF335E(BFE)	HRB400(C)HRB400E(CE)HRBF400(CF)HRBF400E(CFE)RRB400(D)	HRB500(E)HRB500E(EE)HRBF500(EF)HRBF500E(EFE)	冷轧带肋	冷轧扭	
基础	C30	(32)	(30/34)	(37/41)	(45/49)	(37)	(35)	(45)	(42/48)	(52/57)	(63/69)	(52)	(49)	50
基础梁/承台梁	C30	(32)	(30/34)	(37/41)	(45/49)	(37)	(35)	(45)	(42/48)	(52/57)	(63/69)	(52)	(49)	25
框架梁	C30	(32)	(30/34)	(37/41)	(45/49)	(37)	(35)	(45)	(42/48)	(52/57)	(63/69)	(52)	(49)	(20)
非框架梁	C30	(30)	(29/32)	(35/39)	(43/47)	(35)	(35)	(42)	(41/45)	(49/55)	(60/66)	(49)	(49)	(20)
柱	C30	(32)	(30/34)	(37/41)	(45/49)	(37)	(35)	(45)	(42/48)	(52/57)	(63/69)	(52)	(49)	(20)
现浇板	C30	(30)	(29/32)	(35/39)	(43/47)	(35)	(35)	(42)	(41/45)	(49/55)	(60/66)	(49)	(49)	(15)
剪力墙	C35	(29)	(28/32)	(34/37)	(41/45)	(37)	(35)	(35)	(34/38)	(41/44)	(49/54)	(44)	(42)	(15)
人防门框墙	C30	(32)	(30/34)	(37/41)	(45/49)	(37)	(35)	(45)	(42/48)	(52/57)	(63/69)	(52)	(49)	(15)
墙身	C35	(29)	(28/32)	(34/37)	(41/45)	(37)	(35)	(41)	(39/45)	(48/52)	(57/63)	(52)	(49)	(20)
墙柱	C35	(29)	(28/32)	(34/37)	(41/45)	(37)	(35)	(41)	(39/45)	(48/52)	(57/63)	(52)	(49)	(20)
圈梁	C25	(36)	(35/38)	(42/46)	(50/56)	(42)	(40)	(50)	(49/53)	(59/64)	(70/78)	(59)	(56)	(25)
构造柱	C25	(36)	(35/38)	(42/46)	(50/56)	(42)	(40)	(50)	(49/53)	(59/64)	(70/78)	(59)	(56)	(25)
其它	C15	(39)	(38/42)	(40/44)	(48/53)	(45)	(45)	(55)	(53/59)	(56/62)	(67/74)	(63)	(63)	(25)

图 1-1-12　楼层默认钢筋设置（基础层）

注意：为了提高数据输入效率，建议修改基础层和首层各构件的混凝土保护层厚度和混凝土标号，若二层和首层数据相同，可在首层所有数据输入完毕的界面下，单击"复制到其他楼层"命令，勾选"2"，单击"确定"按钮，则将首层所有数据复制到了二层，如图 1-1-13 所示。

图 1-1-13　复制到其他楼层

任务3 任务结果

（1）本工程楼层设置如图 1-1-11 所示。

（2）本工程基础层楼层默认钢筋设置如图 1-1-12 所示。

学习拓展

（1）一般情况下，如果实际工程图纸中没有特殊说明，则不用对"模块导航栏"中"计算设置"的内容进行修改，按照软件默认参数计算即可。

（2）"模块导航栏"中，"工程设置"中的"计算设置"和"节点设置"的调整范围是整个工程，因此，若实际工程中出现特殊构件或者设置要求，可以在之后介绍的构件"属性"中进行个别调整。

项目2

建立轴网

学习目标

- 掌握轴网的定义和绘制方法。
- 能够根据图纸完成轴网的绘制。

任务1 识读施工图

建立轴网

通过识读建筑结构施工图：

（1）比较建筑施工图及结构施工图中的轴网区别。

（2）在框架结构中，轴网是框架柱的定位轴线，因而选择结构施工图中柱平面布置图建立轴网。由图纸结施 005 可知，该工程的轴网是简单的正交轴网。

任务2 软件操作

一、轴网的定义

单击"模块导航栏"中的"绘图输入"，根据结构施工图来建立轴网。

（1）单击"轴网"→"定义"按钮，进行轴网定义，如图 1-2-1 所示。

（2）单击"新建"→"新建正交轴网"按钮，新建"轴网-1"，如图 1-2-2 所示。

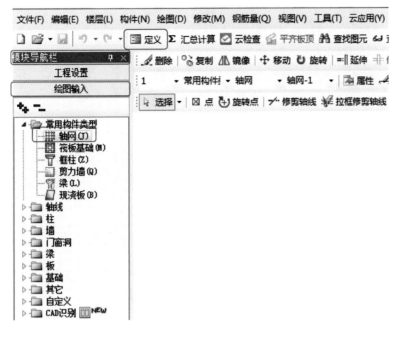

图 1-2-1　定义轴网

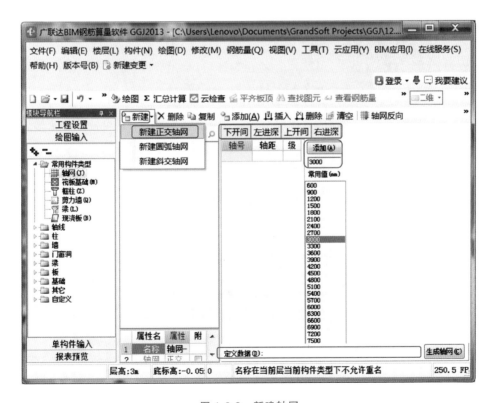

图 1-2-2　新建轴网

（3）进行下开间轴网间距的输入。可以在"常用值"列表中选择轴距，双击"添加"按钮，也可以在"添加"按钮下直接输入轴距，单击"添加"按钮或按<Enter>键直接添加。根据图纸，按照从左到右的顺序，依次输入"3200""3000""3100""3100""3100""3100""3000""3200"。

（4）进行左进深轴网间距的输入。单击"左进深"按钮，根据图纸，按照从下到上的顺序，依次输入"5500""2000""5500"。

（5）进行上开间轴网间距的输入。单击"上开间"按钮，根据图纸，因图纸中上开间与下开间的轴距相同，则可直接复制下开间的数据到上开间的"定义数据"框内。

（6）进行右进深轴网间距的输入。单击"右进深"按钮，根据图纸，因图纸中右进深与左进深的轴距相同，则可直接复制左进深的数据到右进深的"定义数据"框内。

二、轴网的绘制

（1）当轴网定义完毕，单击"绘图"按钮，即可切换到绘图界面，如图1-2-3所示。

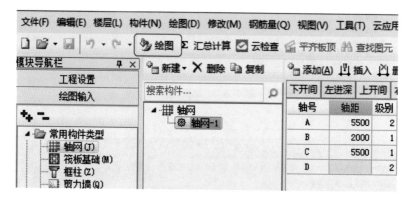

图1-2-3 切换"绘图"界面

（2）之后，界面上弹出"请输入角度"窗口，如图1-2-4所示。可按照提示输入需要旋转轴网的角度，完成后单击"确定"按钮。本工程的轴网为水平竖直向正交轴网，因此旋转角度为0°，直接单击"确定"按钮即可。

图1-2-4 输入轴网角度

任务3 任务结果

绘制完成后，轴网如图1-2-5所示。

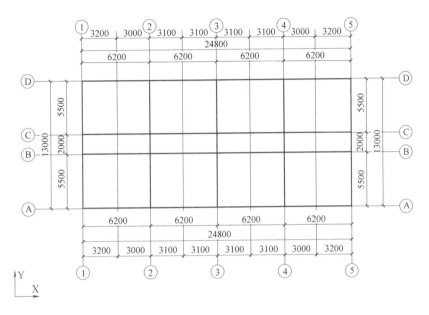

图 1-2-5　轴网

学习拓展

（1）为了提高绘图效率，建议在绘制轴网前，先查看轴网数据，若下开间和上开间数据相同，左进深和右进深数据相同，则可先按顺序将下开间和左进深的数据输入完毕，单击"绘图"按钮，可切换到绘图界面，在弹出"请输入角度"的窗口中，直接单击"确定"按钮。然后，单击菜单中"修改轴号位置"命令。单击鼠标左键框选所有轴网，单击鼠标右键进行确认，在跳出的"修改标注位置"提示栏中选择"两端标注"，即可完成上开间和右进深标注的绘制，如图 1-2-6 所示。

（2）绘制完轴网后，如果发现轴网有问题，需要进行修改，可以使用绘图工具栏中的各项功能重新编辑轴网，绘图工具栏如图 1-2-7 所示。

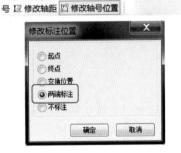

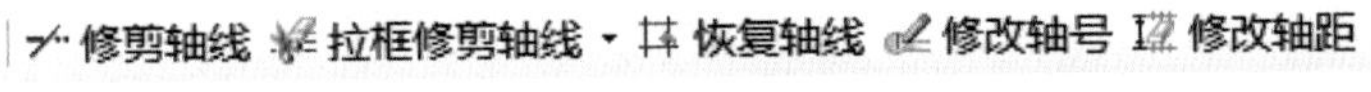

图 1-2-6　选择"两端标注"

图 1-2-7　绘图工具栏

（3）若利用柱平面布置图绘制的轴网无法满足个别图元的绘制要求，可以利用"辅助轴线"来辅助绘图，绘制完成图元之后，可以将辅助轴线删除，如图 1-2-8 所示。

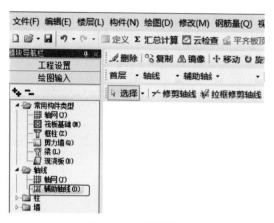

图 1-2-8　辅助轴线

项目 3

首层柱钢筋工程量计算

首层柱钢筋
工程量计算

任务 1　识读施工图

（1）本工程涉及柱的图纸有结施 005 和结施 011。

（2）识读图纸，掌握首层柱的截面及配筋等信息。

任务 2　软件操作

一、柱的定义

在"定义"—"模块导航栏"—"绘图输入"界面下，单击选择"柱"→"框柱"，如图 1-3-1 所示。

1. 矩形框柱的定义

首先以图纸结施 005 "二层以下柱平面布置图"中，①轴与 D 轴交界处的 KZ-1 为例进行讲解。单击"构件列表"按钮，在弹出的"构件列表"中单击"新建"按钮，选择"新

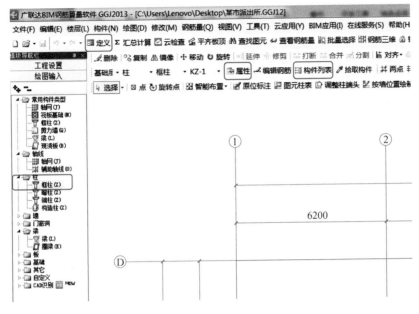

图 1-3-1　定义柱

建矩形框柱"（图 1-3-2），则完成"KZ-1"的建立。单击"属性"按钮，在弹出的"属性编辑器"中输入柱的属性信息。柱的属性包括柱的名称、类别、截面信息和钢筋信息等，这些属性信息直接影响柱钢筋工程量的计算，应按照图纸实际情况输入。

柱的名称按照建立顺序一般为 KZ-1、KZ-2……，如与图纸名称不符，可以根据图纸进行修改；柱的类别下拉菜单中有"框架柱""转换柱""暗柱""端柱"等，需要严格按照图纸进行修改，如图 1-3-3 所示。

图 1-3-2　建立"KZ-1"

根据图纸结施 005，在柱的"截面宽""截面高"处都输入"600"；"角筋"处输入"4C22"；"B 边一侧中部筋"处输入"3C20"；"H 边一侧中部筋"处输入"3C20"；箍筋处输入"C10-100"；肢数处输入"5×5"。

	属性名称	属性值	附加
1	名称	KZ-1	
2	类别	框架柱 　▼	☐
3	截面编辑	框架柱 转换柱 暗柱 端柱	☐
4	截面宽(B边)(mm)		☐
5	截面高(H边)(mm)		☐
6	全部纵筋		☐

图 1-3-3　柱类别

注意：当柱为异形柱时，需要将"截面编辑"的属性值的下拉菜单改为"是"，再进行详细的编辑；当"角筋""B边一侧中部筋""H边一侧中部筋"都为空时，"全部纵筋"处才能输入柱的全部纵筋。KZ-1的属性信息输入完毕后，如图1-3-4所示。

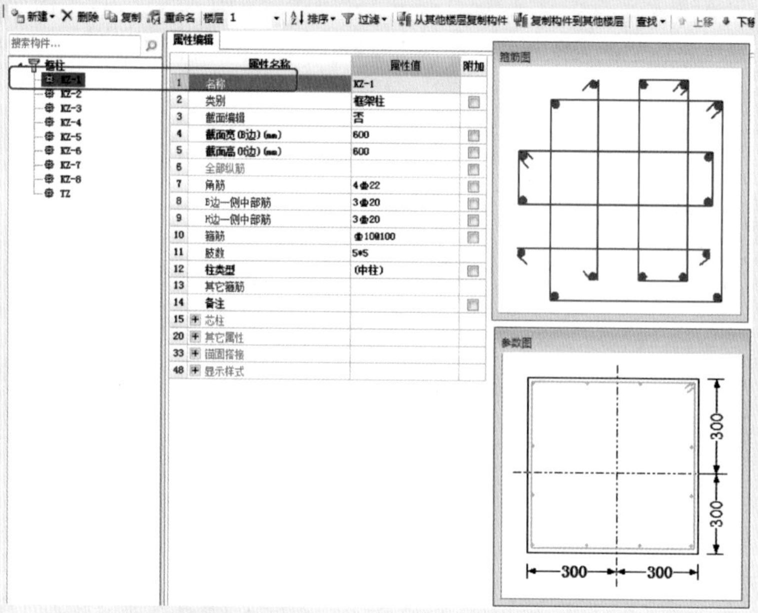

图 1-3-4　柱属性值

柱类型处属性值的下拉菜单中分为"中柱""边柱""角柱"，软件默认为"中柱"，如图1-3-5所示，此处一般不用修改默认柱类型，在所有柱绘制完成后，可使用菜单栏中"自动判断边角柱"功能来自动判断柱类型，如图1-3-6所示。

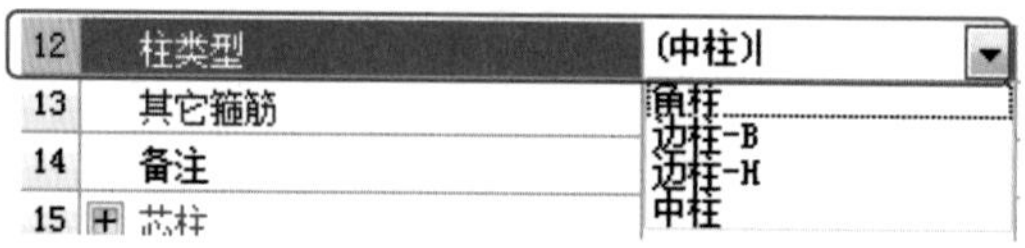

图 1-3-5　柱类型

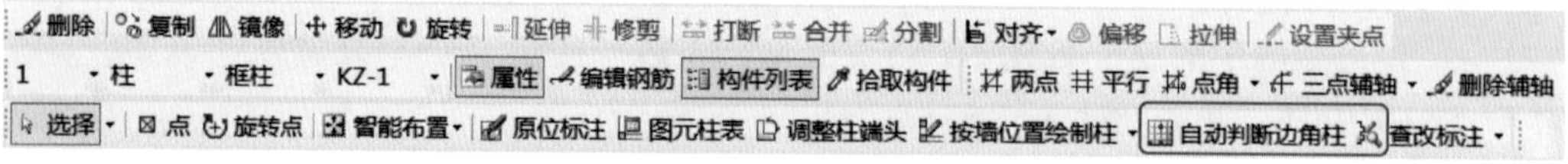

图 1-3-6　自动判断边角柱

若柱中有其他箍筋或者拉筋无法输入，可在"其它箍筋"一栏进行输入，方法为单击此行最后三个点按钮，系统跳出"其它箍筋类型设置"任务栏，单击"新建"按钮（图1-3-7），在"箍筋图"中选择钢筋图形，输入钢筋信息。本图纸中KZ-1没有其它箍筋，则不需要输入。属性编辑栏中最后一栏为"附加"，此处对应属性值后面的方框，如方框被勾选，属性值对应的内容将会附加到构件名称后面，以示区别。例如，将KZ-1类别对应的框架柱勾选上，KZ-1的名称就显示为"KZ-1［框架柱］"。

图 1-3-7 新建其它箍筋

2. 梯柱的定义

以 2#楼梯(2 号楼梯)的 TZ 为例,讲解梯柱的定义方法。单击 "新建" 按钮,选择 "新建矩形柱",建立 "KZ-2",在 "属性编辑器" 中修改名称为 "TZ",在图纸结施 013 中找到 TZ 的详图,如图 1-3-8 所示,修改截面及钢筋等其他信息。注意要根据图纸,修改 TZ 顶标高和底标高。TZ 的属性信息输入如图 1-3-9 所示。

	属性名称	属性值	附加
1	名称	TZ	
2	类别	框架柱	☐
3	截面编辑	否	☐
4	截面宽(B边)(mm)	400	☐
5	截面高(H边)(mm)	200	☐
6	全部纵筋		☐
7	角筋	6Φ16	☐
8	B边一侧中部筋		☐
9	H边一侧中部筋		☐
10	箍筋	Φ8@100	☐
11	肢数	2*2	
12	柱类型	(中柱)	
13	其它箍筋		
14	备注		☐
15	⊞ 芯柱		
20	⊟ 其它属性		
21	节点区箍筋		☐
22	汇总信息	柱	☐
23	保护层厚度(mm)	(20)	☐
24	上加密范围(mm)		☐
25	下加密范围(mm)		☐
26	插筋构造	设置插筋	☐
27	插筋信息		☐
28	计算设置	按默认计算设置计算	☐
29	节点设置	按默认节点设置计算	☐
30	搭接设置	按默认搭接设置计算	☐
31	顶标高(m)	1.92	☐
32	底标高(m)	层底标高	☐
33	⊞ 锚固搭接		
48	⊞ 显示样式		

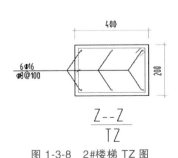

图 1-3-8 2#楼梯 TZ 图   图 1-3-9 定义 2#楼梯 TZ

二、用"柱表"定义柱

当图纸中有柱表时，可通过软件中"柱表"的功能来进行柱的定义。方法为单击菜单栏中"构件"按钮，选择"柱表"，如图 1-3-10 所示。在弹出的"柱表定义"窗口，单击"新建柱"→"新建柱层"按钮，按照图纸中的柱表信息，将柱的信息填入到"柱表定义"中。

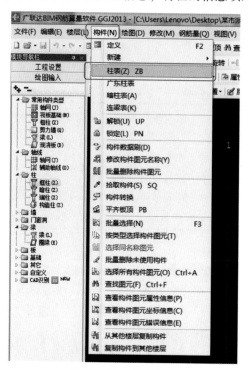

图 1-3-10　新建柱表

输入柱的各项信息，如图 1-3-11 所示，单击"生成构件"按钮，软件会根据楼层编号

柱号/标高(m)	楼层编号	b×h(mm)(圆柱直径)	b1(mm)	b2(mm)	h1(mm)	h2(mm)	全部纵筋	角筋	b边一侧中筋	h边一侧中筋	箍筋类型	箍筋	其它箍筋	箍筋上下加密区长度	节点区箍筋	是否生成构件
− KZ-1											4*4					☑
−3.8~3.87	0, 1	600*600	300	300	300	300	4⌀22	3⌀20	3⌀20	5*5		⌀10@100				☑
3.87~14.1	2, 3, 4	500*500	250	250	250	250	4⌀22	2⌀20	2⌀20	4*4		⌀10@100				☑
− KZ-2											4*4					☑
−3.8~3.87	0, 1	600*600	300	300	300	300	4⌀22	3⌀20	3⌀20	5*5		⌀8@100/200				☑
3.87~16.6	2, 3, 4, 5	500*500	250	250	250	250	4⌀22	2⌀20	2⌀20	4*4		⌀8@100/200				☑
− KZ-3											4*4					☑
−3.8~3.87	0, 1	600*600	300	300	300	300	4⌀20	2⌀20	2⌀20	4*4		⌀8@100/200				☑
3.87~16.6	2, 3, 4, 5	500*500	250	250	250	250	4⌀20	2⌀18	2⌀18	4*4		⌀8@100/200				☑
− KZ-4											4*4					☑
−3.8~3.87	0, 1	600*600	300	300	300	300	4⌀20	2⌀20	2⌀20	4*4		⌀8@100/200				☑
3.87~14.1	2, 3, 4	500*500	250	250	250	250	4⌀20	2⌀18	2⌀18	4*4		⌀8@100/200				☑
− KZ-5											4*4					☑
−3.8~14.1	0, 1, 2, 3, 4	400*400	200	200	200	200	4⌀20	2⌀20	2⌀20	4*4		⌀8@100/200				☑
− KZ-6											4*4					☑
−3.8~14.1	0, 1, 2, 3, 4	450*600	225	225	300	300	4⌀22	2⌀20	2⌀20	4*4		⌀8@100/200				☑
− KZ-7											4*4					☑
−3.8~3.87	0, 1	650*650	325	325	325	325	4⌀25	3⌀20	3⌀20	5*5		⌀8@100/200				☑
3.87~14.1	2, 3, 4	500*500	250	250	250	250	4⌀22	2⌀20	2⌀20	4*4		⌀8@100/200				☑
− KZ-8											4*4					☑
−3.8~3.87	0, 1	600*600	300	300	300	300	4⌀20	2⌀20	2⌀20	4*4		⌀10@100/20				☑
3.87~14.1	2, 3, 4	500*500	250	250	250	250	4⌀20	2⌀18	2⌀18	4*4		⌀8@100/200				☑

图 1-3-11　"柱表定义"界面

自动生成柱构件。

三、柱的布置

1. "点"布置柱

软件中，柱默认的绘图方式是"点"绘制，也是最常用的绘制柱的方法。按照图纸结施 005 柱平面布置图，单击鼠标左键绘制所有框架柱。

例如，单击鼠标左键在①轴和 D 轴的交点处绘制 KZ-1。KZ-1 绘制完毕后，可在构件列表中切换至 KZ-2，也可直接在工具栏切换不同名称的柱构件，如图 1-3-12 所示。

2. 智能布置柱

当某区域柱都相同时，可采用"智能布置"来快速布置柱。例如，在图纸结施 005 中，③、④轴和 D 轴的 2 个交点处都是 KZ-4，在构件列表中选择"KZ4"，单击"智能布置"→"轴线"按钮，如图 1-3-13 所示。框选布置范围，则范围内的所有轴线相交处都会自动布置上 KZ-4。

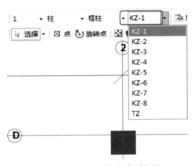

图 1-3-12　工具栏切换柱

图 1-3-13　智能布置柱

四、柱的偏心

按照以上两种方法绘制的柱子都是根据轴线居中布置的，在实际工程中，很多柱子都是偏心的，因此需要绘制偏心柱。绘制偏心柱的方法一般有以下三种：

1. 利用"查改标注"命令

先根据以上两种方法绘制居中柱，若仅有个别偏心柱，单击菜单栏中"查改标注"→"查改标注"按钮，单击柱子绿色标注数据，根据图纸在输入框中输入偏心数值，如图 1-3-14 所示。若有多个偏心位置相同的柱，则单击菜单栏中"查改标注"→"批量查改标注"按钮，框选需要偏心的所有的柱，单击鼠标右键确定，在弹出的"批量查改标注"窗口中输入 b1（或 b2）及 h1（或 h2）的偏心参数，单击"确定"按钮，如图 1-3-15 所示。

图 1-3-14　单个查改标注

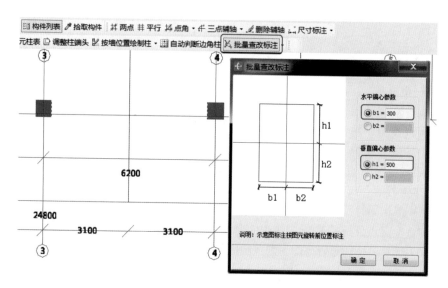

图 1-3-15　批量查改标注

2. 利用<Shift>键+鼠标左键"命令

若柱子不在轴线与轴线的交点上，甚至不在轴线上，可利用"输入偏移量"的功能进行绘制。首先，单击菜单栏中"点"按钮，选择适当位置上轴线与轴线的交点为参照点，按住键盘上的<Shift>键的同时单击鼠标左键，即可弹出"输入偏移量"窗口，如图 1-3-16 所示。偏移方式一般默认为"正交偏移"，在"X ＝"和"Y ＝"的输入框内输入相对参照点的数据。

图 1-3-16　偏移绘制柱

注意：X 方向以右为正，以左为负；Y 方向以上为正，以下为负。单击"确定"按钮，即可绘制完成。

3. 利用"对齐"命令

一般而言，同一轴线上的柱子偏心基本一致，为了提高绘图效率，可先利用上述"查改标注"功能，将角柱的偏心设置正确，再利用菜单栏上"对齐"→"单对齐"功能，将 X 轴及 Y 轴上的柱子与角柱对齐，完成绘制，如图 1-3-17 所示。

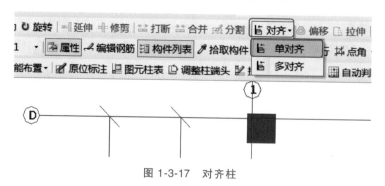

图 1-3-17　对齐柱

任务3 任务结果

单击菜单栏中"汇总计算"按钮,选择"1层",单击"计算"按钮,如图 1-3-18 所示。单击"模块导航栏"→"报表预览"按钮,选择"明细表"→"构件汇总信息明细表",如图 1-3-19 所示,即可查看首层所有框架柱的钢筋工程量,见表 1-3-1。

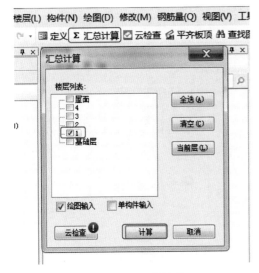

图 1-3-18 汇总计算

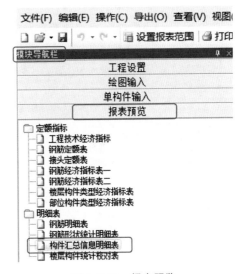

图 1-3-19 报表预览

表 1-3-1 首层柱钢筋总重

汇总信息	汇总信息钢筋总重(kg)	构件名称	构件数量	HPB300	HRB400
楼层名称:1(绘图输入)					3354.368
柱	3354.368	KZ-1[6]	1		301.795
		KZ-8[8]	1		192.003
		KZ-4[9]	1		175.164
		KZ-4[10]	1		148.495
		KZ-1[11]	1		391.028
		KZ-5[12]	1		185.289
		KZ-4[13]	2		350.328
		KZ-8[15]	1		221.01
		KZ-6[16]	1		195.374
		KZ-2[17]	1		206.825
		KZ-3[18]	3		524.099
		KZ-7[21]	1		234.138
		TZ[3255]	2		81.528
		TZ[3256]	1		38.382
		TZ[3281]	2		79.077
		TZ[3282]	1		29.834
		合计			3354.368

学 习 拓 展

1. 利用镜像布置柱

为了提高绘图效率，要充分利用软件的镜像功能。识读柱平面布置图，若发现图纸上有一部分柱子是对称的，可利用菜单栏中的"镜像"功能来进行快速复制。具体方法：选择绘制完毕的柱子，单击"镜像"按钮，单击鼠标左键选择同一平面上两点作为对称轴，单击鼠标右键进行确定，在弹出的"是否要删除原来的图元"提示框中选择"否"，如图 1-3-20 所示。

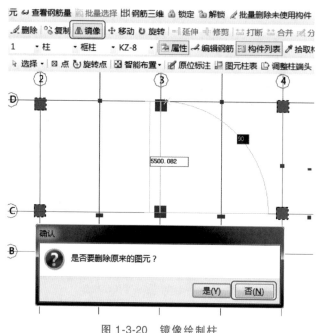

图 1-3-20　镜像绘制柱

2. 检查与显示

在柱子布置完毕后，需要及时进行检查，为了便于检查，需要输入法为"英文"的状态、菜单栏为"选择"的状态下，同时按下 <Shift> 键+<Z> 键，即可显示柱的名称和配筋，以便检查，如图 1-3-21 所示。

3. 快速修改

在检查中，若发现绘制好的柱子有错误，若已经完成对齐工作，因删除后重新绘制还需再进行对齐工作，因此不建议删除后重新绘制。例如，①轴与 D 轴交界处为 KZ-1，若错误布置为 KZ-2，则建议采用以下两种方法修改：

（1）在"属性编辑器"中修改"名称"。单击菜单栏"属性"按钮打开"属性编辑器"，单击鼠标左键选择错误的"KZ-2"，单击"名

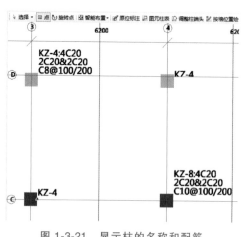

图 1-3-21　显示柱的名称和配筋

称"一栏下拉菜单，选择"KZ-1"，如图1-3-22所示。接着，在跳出的提示栏中，单击"是"按钮即可，如图1-3-23所示。

图 1-3-22　在"属性编辑器"中修改柱的名称

图 1-3-23　确认修改

（2）利用"修改构件图元名称"功能。单击鼠标左键选择错误的"KZ-2"，单击鼠标右键打开下拉菜单，在菜单中选择"修改构件图元名称"，如图1-3-24所示。接着，在跳出

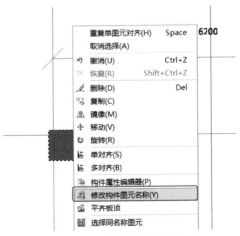

图 1-3-24　修改构件图元名称

的命令栏中的"目标构件"中选择"KZ-1",单击"确定"按钮,如图 1-3-25 所示,即可完成修改。

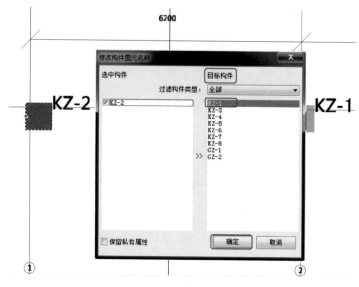

图 1-3-25　修改 KZ-2 为 KZ-1

项目4

首层梁钢筋工程量计算

学习目标

- 掌握梁的类型及计算规则。
- 能够定义各类梁的属性。
- 能够绘制各类梁。
- 能够汇总梁钢筋的工程量。

任务 1　识读施工图

首层梁钢筋
工程量计算

分析图纸结施 007、009、010、011 可知,图纸中梁的类别分为楼层框架梁、屋面框架梁、非框架梁。悬挑形式中包含一端悬挑梁、两端悬挑梁。截面类型中还包括变截面梁。

通过识读结构施工图,找到:

(1)梁的类型、名称、截面尺寸、钢筋信息等。

(2)梁与柱如何相交、梁的变截面钢筋等。

任务2 软件操作

一、梁的定义（梁的集中标注）

在"定义"的状态下，"模块导航栏"中"绘图输入"界面下，单击选择"梁"→"梁"，如图 1-4-1 所示。

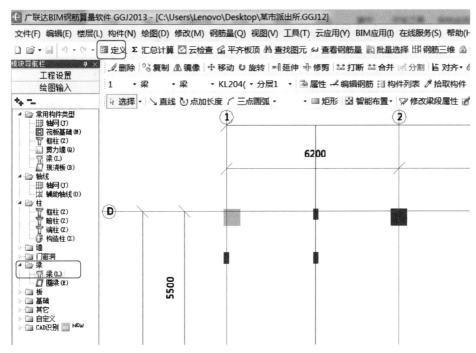

图 1-4-1 定义梁

1. 楼层框架梁的定义

首先以图纸结施 007 "二层梁平法配筋图"中 D 轴处 "KL201（4）"为例进行楼层框架梁的讲解。在"构件列表"中单击"新建"按钮，选择"新建矩形梁"，如图 1-4-2 所示。在"属性编辑器"中输入梁的属性信息。必须要正确输入的信息包括：名称、类别、截面宽度、截面高度、箍筋、肢数、上部通长筋、下部通长筋、侧面构造或受扭筋等。

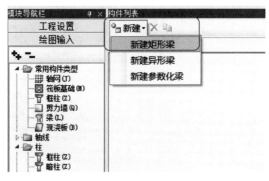

图 1-4-2 新建矩形梁

注意：在"属性编辑器"中输入的梁的钢筋信息为梁集中标注信息。

梁的名称一般按照图纸中的构件名称输入，本工程为"KL201（4）"。梁的类别下拉框选项中有七类：楼层框架梁、楼层框架扁梁、屋面框架梁、框支梁、非框架梁、井字梁、基础联系梁，应该按照图纸进行选择，本工程 KL201（4）为"楼层框架梁"，如图1-4-3所示。

图纸中 KL201（4）的截面尺寸为 250mm×650mm，因此在软件的"截面宽度""截面高度"一栏分别输入"250""650"；在"轴线距梁左边线的距离"一栏按照软件默认设置，一般不建议修改，后续可通过对齐命令修改梁的位置；在"跨数量"一栏中一般不建议输入具体数值，后续完成"批量识别梁支座"功能后，软件会自动判别跨数量。

图 1-4-3　框架梁的类别

根据图纸结施007中"二层梁平法配筋图"中 D 轴处"KL201（4）"的钢筋信息，在"箍筋"处输入"C8@100/200"；在"肢数"处，输入"2"；在"上部通长筋"处输入"2C22"；在"下部通长筋"处不输入；在"侧面构造柱或受扭筋"处输入"N4C12"；在"拉筋"处，当图纸没有特殊说明时，一般按照软件默认，如需整楼修改，可单击软件中"工程设置"→"计算设置"→"框架梁"第36项→"按规范计算"。

> 注意：图纸中 KL201（4）的集中标注最后一行为"梁顶标高降50"，因此需要单击"其它属性"左侧的"+"号，在"起点顶标高"处输入"层顶标高-0.05"，在"终点顶标高"输入"层底标高-0.05"。KL201（4）的属性值设置如图1-4-4所示。

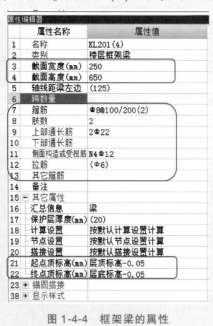

图 1-4-4　框架梁的属性

2. 屋面框架梁的定义

在图纸结施010和结施011中，都出现了屋面框架梁，以图纸结施010"屋面梁平法配筋图"中 D 轴处"WKL501（4）"为例，进行屋面框架梁的讲解。首先在"构件列表"中单击"新建"按钮，选择"新建矩形梁"，方法同楼层框架梁。接着，在"属性编辑器"中输入梁的属性信息，输入方法同楼层框架梁。特别需要注意，屋面框架梁在"属性编辑器"的"类别"中应选择"屋面框架梁"。WKL501的属性值设置如图1-4-5所示。

3. 非框架梁的定义

非框架梁的定义方法同框架梁，以图纸结施007"二层梁平法配筋图"中4轴与5轴之间的非框架梁"L212（4）"为例，进行非框架梁的讲解。首先在"构件列表"中单击"新建"按钮，选择"新建矩形梁"，方法同框架梁。接着，在"属性编辑器"中输入梁的属性信息，输入方法同框架梁。特别需要注意，非框架梁在属性编辑器的"类别"中应选择"非框架梁"。L212（4）的属性值设置如图1-4-6所示。

属性编辑器			
	属性名称	属性值	附加
1	名称	WKL501(4)	
2	类别	屋面框架梁	☐
3	截面宽度(mm)	250	☐
4	截面高度(mm)	500	☐
5	轴线距梁左边线距	(125)	☐
6	跨数量	4	☐
7	箍筋	Φ8@100/200	☐
8	肢数	2	
9	上部通长筋	2Φ20	☐
10	下部通长筋		☐
11	侧面构造或受扭筋	N2Φ12	☐
12	拉筋	(Φ6)	☐
13	其它箍筋		
14	备注		☐

图1-4-5 屋面框架梁的属性

属性编辑器		
	属性名称	属性值
1	名称	L212(4)
2	类别	非框架梁
3	截面宽度(mm)	250
4	截面高度(mm)	450
5	轴线距梁左边	(125)
6	跨数量	
7	箍筋	Φ8@200(2)
8	肢数	2
9	上部通长筋	2Φ22
10	下部通长筋	
11	侧面构造或受	G4Φ12
12	拉筋	(Φ6)
13	其它箍筋	
14	备注	
15	⊞ 其它属性	
23	⊞ 锚固搭接	
38	⊞ 显示样式	

图1-4-6 非框架梁的属性

二、梁的绘制

在绘制梁时，首先确认梁的支座（框架柱或剪力墙等）已绘制完毕且位置正确。之后一般按照先X方向后Y方向、先主梁后次梁的顺序进行绘制，以免遗漏。

1. 直线命令

本图纸的所有梁都属于直线型，因此可采用"直线"命令进行绘制。以图纸结施007中"二层梁平法配筋图"中D轴处"KL201（4）"为例，单击菜单栏中"直线"命令，单击①轴与D轴交界处为梁的起点，单击5轴与D轴交界处为梁的终点，至此，梁绘制完成，如图1-4-7所示。

2. 轴线命令

当梁在轴线上时，为提高绘图效率，可采用"智能布置"→"轴线"命令进行绘制。同样以图纸结施007中"二层梁平法配筋图"中D轴处"KL201（4）"为例，单击菜单栏中"智能布置"→"轴线"命令，如图1-4-8所示，单击D轴，即在D轴上完成KL201（4）的绘制。

3. <Shift>+鼠标左键命令

悬挑梁是一种常见的梁的形式，软件中常常使用<Shift>+鼠标左键命令绘制悬挑梁。以图纸结施011"屋架梁平法配筋图"中，B轴处"WKL603（3A）"为例，在屋面层的界面下，

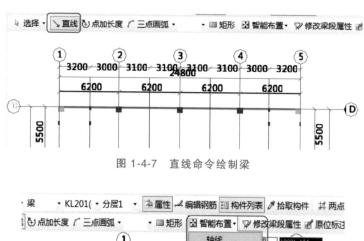

图 1-4-7　直线命令绘制梁

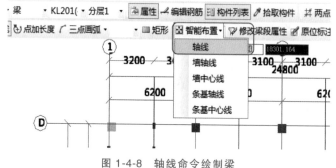

图 1-4-8　轴线命令绘制梁

单击菜单栏中"直线"命令，单击①轴与 B 轴交界处为梁的起点，单击 4 轴与 B 轴交界处的同时按住<Shift>键，在弹出的"输入偏移量"窗口中，输入"X = 1250"，单击"确定"按钮，即可完成悬挑梁的绘制，如图 1-4-9 所示。

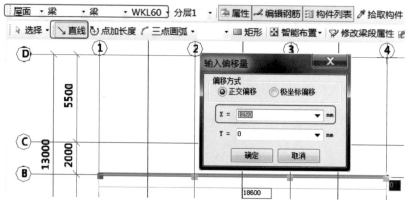

图 1-4-9　<Shift>+鼠标左键命令绘制梁

三、梁的偏心

梁绘制完毕后，通过观察可以发现，因在"属性编辑器"中没有修改"轴线距梁左边线"的数据，所以软件中梁是按照轴中心线绘制的，而图纸中大部分梁是存在偏心的，如图 1-4-10 所示，此时可通过"修改工具条"上的"对齐"→"单对齐"按钮来快速完成梁的偏心，具体方法如下。

（1）同样以图纸结施 007 中"二层梁平法配筋图"中 D 轴处"KL201（4）"为例，单

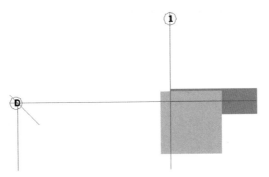

图 1-4-10　梁的位置为中心线

击"对齐"→"单对齐"按钮，如图 1-4-11 所示。

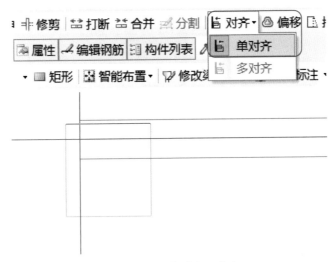

图 1-4-11　"单对齐"命令

（2）根据提示，先选择柱左侧的边线，再选择梁左侧的边线，对齐成功，完成后单击鼠标右键退出命令，对齐完成后效果如图 1-4-12 所示。

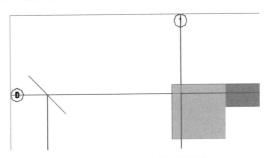

图 1-4-12　梁对齐柱效果图

四、梁的原位标注

通过识读结构施工图可知，梁上不但标注有集中标注，还标注有原位标注。前面通过软件的属性编辑器功能，输入了梁的集中标注，下面介绍原位标注的输入方法。

> 注意：框架梁一般是以框架柱或者剪力墙为支座的，若支座未绘制或者绘制不正确，直接会影响梁的正确绘制，因此在输入原位标注之前，需要保证所有的支座绘制完毕并且位置正确。下面仍以图纸结施007中"二层梁平法配筋图"中D轴处"KL201（4）"为例，介绍梁原位标注的输入的两种方法。

1."原位标注"命令

首先在菜单栏中单击"原位标注"，如图1-4-13所示。单击"KL201（4）"，则原来粉红色的梁为选中状态，颜色变为蓝色，且选中跨以黄色显示，在梁支座处、跨中处出现白色输入框，按照图纸，将梁支座和跨中的全部钢筋信息输入白色输入框即可。如输入第一跨左支座钢筋信息为"5C22 3/2"，如图1-4-14所示。

> 注意：当输入梁的原位标注后，梁的颜色会由粉红色变为绿色。

图1-4-13 "原位标注"命令

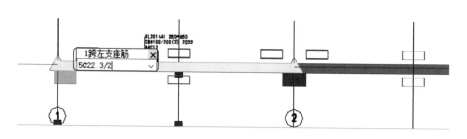

图1-4-14 输入梁1跨左支座钢筋信息

2."梁平法表格"命令

首先在菜单栏中单击"原位标注"后三角形下拉菜单，选择"梁平法表格"，如图1-4-15所示。单击"KL201（4）"，软件界面下方会出现梁平法表格输入框，按照图纸，将梁支座和跨中的全部钢筋信息输入表格即可，如图1-4-16所示。如果梁存在变截面，则在表格中"截面"相应跨中填入变截面的数据即可。

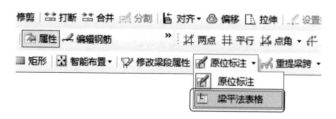

图1-4-15 "梁平法表格"命令

	跨号	标高(m)		构件尺寸(mm)		上部钢筋			下部钢筋	侧面钢筋	箍筋
		起点标高	终点标高	截面(B*H)	距左边线距离	左支座钢筋	跨中钢筋	右支座钢筋	下部钢筋	侧面原位标注	
1	1	3.82	3.82	(250*650)	100	5Φ22 3/2			6Φ22 2/4		Φ8@100/200(2)
2	2	3.82	3.82	(250*650)	100	6Φ22 4/2			4Φ20		Φ8@100/200(2)
3	3	3.82	3.82	(250*650)	100	5Φ22 3/2			4Φ20		Φ8@100/200(2)
4	4	3.82	3.82	(250*650)	100	5Φ22 3/2		5Φ22 3/2	4Φ22		Φ8@100/200(2)

图 1-4-16 梁平法表格输入钢筋信息

注意：当所有梁的钢筋信息都输入完毕，梁都会由粉红色变为绿色，此时除了需要检查钢筋信息是否输入正确、是否有遗漏外，还需要检查梁的跨度信息是否正确，特别是悬挑梁；若梁的跨度信息错误，就需要手动添加或者删除梁支座，下面介绍手动修改梁支座的方法。

（1）设置支座。在菜单栏中单击"重提梁跨"后三角形下拉菜单，选择"设置支座"，如图 1-4-17 所示。单击鼠标左键选择需要设置支座的梁，单击鼠标右键进行确认，单击鼠标左键选择作为支座的图元，单击鼠标右键进行确认，在弹出的提示栏中选择"是"即可，如图 1-4-18 所示。

图 1-4-17 选择"设置支座"

图 1-4-18 选择支座

（2）删除支座。在菜单栏中单击"重提梁跨"后三角形下拉菜单，选择"删除支座"，如图 1-4-19 所示。单击鼠标左键选择需要删除支座的梁，单击鼠标右键进行确认，单击鼠标左键选择需要删除的支座点，支座点变为红色，单击鼠标右键进行确认，在弹出的提示栏中选择"是"即可，如图 1-4-20 所示。

当手动添加或者删除梁支座完毕后，需要重新识别梁跨。

图 1-4-19 选择"删除支座"

图 1-4-20 删除支座

注意：如果修改了梁下支座的尺寸或位置，也需要重新识别梁跨。可以通过两种方法重新识别梁跨。

方法一："重提梁跨"。此方法包括单根未识别（粉红色）的梁或者已经识别但修改过梁跨的梁。操作为单击菜单栏中的"重提梁跨"命令，如图 1-4-21 所示，单击鼠标左键选择需要重新识别梁跨的梁，单击鼠标右键进行确认即可。此方法适用于单根梁的情况。

图 1-4-21 "重提梁跨"命令

方法二："批量识别梁支座"。单击菜单栏后面的符号"》"，单击"批量识别梁支座"命令，如图 1-4-22 所示，单击鼠标左键选择或框选需要重新识别梁跨的梁，单击鼠标右键进行确认。此方法适用于多根梁的情况。

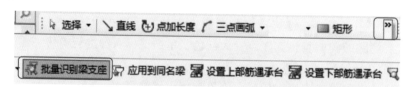

图 1-4-22 "批量识别梁支座"命令

五、梁的吊筋和次梁加筋

根据识读图纸结施 007 中"二层梁平法配筋图",得知图纸存在吊筋和附加箍筋,从附注的第 1 点可知,主次梁相交处,在主梁每侧放置抗剪加密箍 3 支,间距为 50mm,附加箍筋的直径同主梁的箍筋直径;从附注的第 2 点可知,图中注明吊筋处均设吊筋,未注明处均为 2Φ12,吊筋锚固为 20d。

具体方法如下:单击菜单栏后面的符号"》",单击"自动生成吊筋"按钮,如图 1-4-23 所示,会弹出"自动布置吊筋"的提示栏,在"吊筋"处输入"2C12",其他取软件默认值,单击"确定"按钮,如图 1-4-24 所示,单击鼠标左键框选整层梁,单击鼠标右键进行确认,即可弹出"自动生成吊筋(次梁加筋)成功"的提示栏,如图 1-4-25 所示。

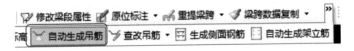

图 1-4-23 单击"自动布置吊筋"

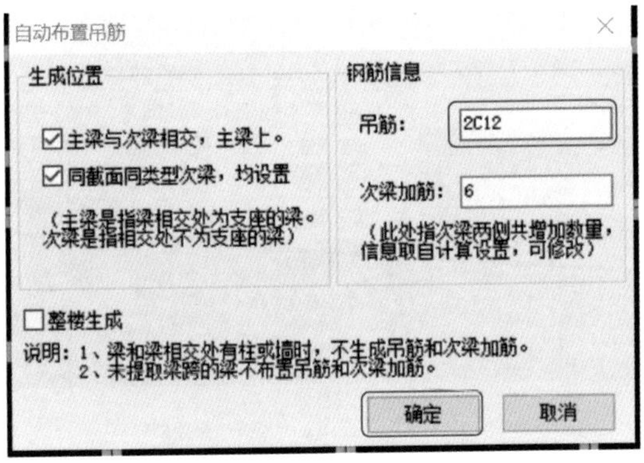

图 1-4-24 输入吊筋信息

图 1-4-25 "自动生成吊筋(次梁加筋)成功"提示栏

注意:在软件模块导航栏中"工程设置"→"计算设置"→"框架梁"第 23 项中,"吊筋锚固长度"默认值为"20 * d",与图中一致,则不需要修改。第 26 项中,"次梁两侧共增加箍筋数量"默认值为"0",此处按照附注的第 1 点"次梁内每侧放置抗剪加密箍 2支",应改为"4",如图 1-4-26 所示。需要说明,在结施 007"二层梁平法配筋图"中,图示的次梁内每侧放置抗剪加密箍与附注中次梁内每侧放置抗剪加密箍肢数不符时,以图示为准进行布置。

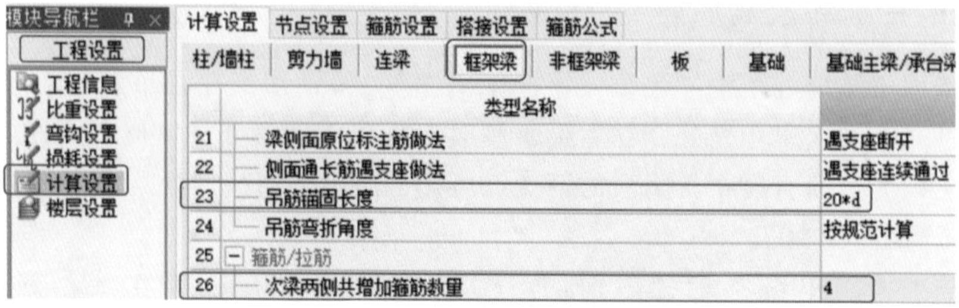

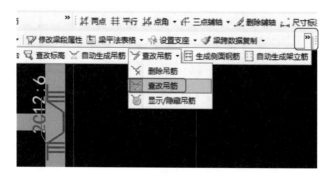

图 1-4-26　修改箍筋数量

注意：由于吊筋是自动生成的，常会出现交界处多生成吊筋的情况，因此要对照图纸进行详细的检查。如发现有多余吊筋，可利用"查改吊筋"命令进行删除。单击菜单栏后面的符号"》"，单击"查改吊筋"，如图 1-4-27 所示，单击需要删除的吊筋，将输入框中数据改为"0；6"（图 1-4-28），单击<Enter>键则删除成功。

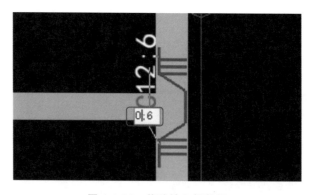

图 1-4-27　单击"查改吊筋"

图 1-4-28　修改输入框数据

任务 3　任务结果

首层所有梁的钢筋工程量，如表 1-4-1 所示。

表 1-4-1　首层梁钢筋总重

汇总信息	汇总信息钢筋总重（kg）	构件名称	构件数量	HPB300	HRB400
楼层名称:1(绘图输入)				119.143	8967.214
梁	9086.356	KL202(4)[443]	1	12.255	957.746
		KL201(4)[444]	1	9.937	914.297
		KL203(4)[445]	1	9.937	813.547
		KL208(2B)[446]	1	8.777	596.529
		KL205(2B)[452]	1	8.446	621.359
		KL206(2B)[453]	1	8.612	588.533
		KL207(2B)[456]	1	10.268	645.503
		L201(4)[457]	1	9.322	341.852
		L201(4)[458]	1	9.178	336.783
		L208(4)[459]	1	3.809	363.414
		L205(4)[460]	1		333.719
		L209(4)[461]	1	3.809	354.015
		L210(4)[462]	1	3.809	322.701
		L212(4)[463]	1	7.618	393.679
		L204(1)[464]	1	2.65	95.537
		L206(1)[465]	1		64.088
		L203(2)[466]	1		89.649
		L203(2)[467]	1		84.009
		L211(1)[468]	1	1.291	44.255
		L211(1)[469]	1		31.468
		L202(1)[470]	1		29.689
		L207(1)[471]	2		19.009
		KL204(2B)[495]	1	9.424	572.754
		PTL[3259]	2		104.623
		KL-3[3261]	2		116.974
		KL-2[3263]	1		33.561
		KL-1[3265]	1		34.501
		KL-1[3285]	1		31.24
		KL-2[3287]	1		32.181
		合计		119.143	8967.214

学 习 拓 展

1. 同名称梁

通过识读施工图，我们发现图纸上存在很多同名梁，为了提高绘图效率，要充分利用软件"应用到同名梁"的功能。具体方法为：单击鼠标左键选择已完整输入钢筋信息的梁，单击鼠标右键，把鼠标放在最下面的三角形上，直至"应用到同名梁"出现，如图1-4-29所示，单击鼠标左键选择"应用到同名梁"，在弹出的"应用范围选择"中根据实际情况进行选择，此次选择提示栏中的"所有同名称的梁"，单击"确定"按钮即可，如图1-4-30所示。

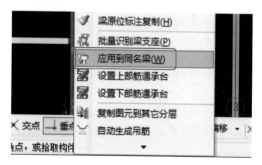

图1-4-29 选择"应用到同名梁"

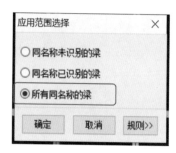

图1-4-30 "应用范围选择"窗口

2. 复制信息

（1）通过识读施工图，我们发现图纸上同一根梁，它的某些原位标注的钢筋信息是一样的，为了提高绘图效率，此时要充分利用软件的"梁原位标注复制"功能。同样以图纸结施007中"二层梁平法配筋图"中D轴处"KL201（4）"为例进行介绍。通过识读图纸，我们发现KL201（4）第一跨左支座原位标注与第三跨左支座原位标注相同，则在软件中，单击鼠标左键选择已输入第一跨左支座原位标注钢筋信息的梁，单击鼠标右键，把鼠标放在最下面的三角形上，直至"梁原位标注复制"出现，如图1-4-31所示，单击选择"梁原位标注复制"，单击鼠标左键选择源标注，选择成功即变成红框，如图1-4-32所示，单击鼠标右键进行确认，单击鼠标左键选择目标原位标注，选择成功即变成黄框，如图1-4-33所示，单击鼠标右键进行确认，原位标注复制成功。

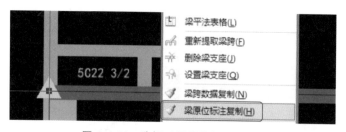

图1-4-31 选择"梁原位标注复制"

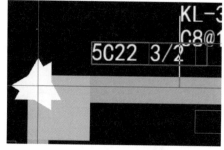

图1-4-32 选择源标注

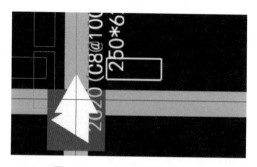

图1-4-33 选择目标原位标注

（2）除此之外，同一根梁或不同梁，梁跨钢筋信息也有可能是一样的，此时要充分利用软件的"梁跨数据复制"功能。以图纸结施007中D轴处"KL201（4）"为例，假设它的第一跨和第二跨钢筋信息完全一致，则在软件中，单击鼠标左键选择已输入第一跨钢筋信息的梁，单击鼠标右键，把鼠标放在最下面的三角形上，直至"梁跨数据复制"出现，如图1-4-34所示，单击选择"梁跨数据复制"，单击鼠标左键选择源梁跨，选择成功即变成红色，单击鼠标右键进行确认，单击鼠标左键选择目标梁跨，选择成功即变成黄色，单击鼠标右键进行确认，至此，梁跨数据复制成功。注意，"梁跨数据复制"也可在不同梁中运用。

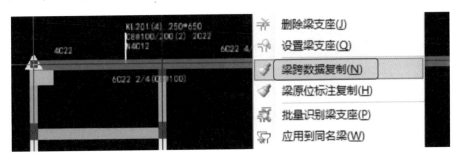

图1-4-34　选择"梁跨数据复制"

3. 悬挑梁的弯起钢筋

通过识读施工图，我们发现此工程存在悬挑梁，在图纸结施002（1）中，可以找到悬挑梁的具体配筋形式。在软件中，有两种方法可以输入悬挑梁钢筋。

方法一，适用于个别设置。具体方法为在菜单栏中单击"梁平法表格"按钮，单击"悬臂钢筋代码"按钮，在弹出的"悬臂梁钢筋图"中，对应图纸，找到相应的钢筋图号，如图1-4-35所示。如我们对照图纸，应选用3#钢筋图号，上部钢筋（支座筋或者跨中筋）为按钮"2C22"，则应在相应跨的上部钢筋（支座筋或者跨中筋）处输入"3-2C22"。

方法二，适用于整体设置。具体方法为选择"模块导航栏"→"工程设置"→"计算设置"→"节点设置"→"框架梁"第29

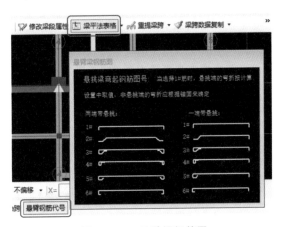

图1-4-35　悬臂梁钢筋图

项"悬挑端钢筋图号选择"，如图1-4-36所示。软件默认为"2#弯起钢筋图"，可以单击后面的…按钮选择其他图号，如图1-4-37所示。

注意：节点构造图中的绿色数值可以根据图纸进行修改，以满足工程实际需要。

28	悬臂梁节点	悬臂梁节点1	
29	悬挑端钢筋图号选择	2#弯起钢筋图	…
30	纵向钢筋弯钩与机械锚固形式	节点5	

图1-4-36　悬挑端钢筋图号选择

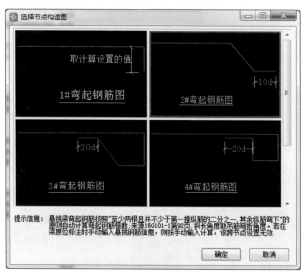

图 1-4-37　悬挑钢筋节点构造图

项目5

首层板钢筋工程量计算

学习目标

- 掌握板的类型及计算规则。
- 能够定义各类板的属性。
- 能够绘制各类板及板钢筋。
- 能够汇总梁钢筋的工程量。

首层板钢筋
工程量计算

任务 1　识读施工图

根据图纸结施006中"二层板及板配筋图"来定义和绘制板及板的钢筋。

（1）通过结构设计总说明，了解板分布筋。

（2）通过板及板配筋图，了解板的标高。

（3）通过板及板配筋图，了解板负筋、受力筋、跨板受力筋等钢筋信息。

任务 2　软 件 操 作

一、现浇板的定义

在"定义"的状态下，在"模块导航栏"中"绘图输入"界面下单击选择"板"→"现浇板",如图 1-5-1 所示。

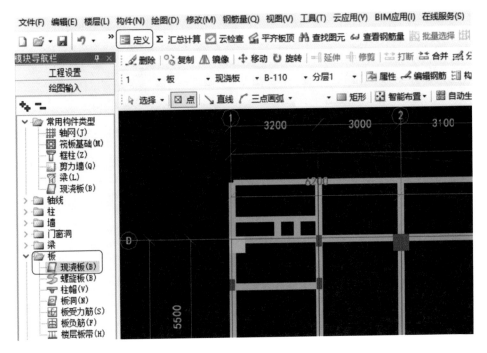

图 1-5-1　定义板

根据图纸结施 006 中"二层板及板配筋图",以 C~D 轴之间的板为例,介绍板构件的定义方法。分析图纸可知,未注明板厚度为 100mm。在"构件列表"中单击"新建"按钮,选择"新建现浇板",如图 1-5-2 所示。在"属性编辑器"中输入板的属性信息。必须要正确输入的信息包括:名称、混凝土强度等级、厚度、顶标高、保护层厚度、马凳筋等信息,如图 1-5-3 所示。

图 1-5-2　选择"新建现浇板"

	属性名称	属性值	附加
1	名称	B-1	
2	混凝土强度等级	(C30)	
3	厚度(mm)	100	☑
4	顶标高(m)	层顶标高	
5	保护层厚度(mm)	(15)	
6	马凳筋参数图		
7	马凳筋信息		
8	线形马凳筋方向	平行横向受力筋	
9	拉筋		
10	马凳筋数量计算方式	向上取整+1	
11	拉筋数量计算方式	向上取整+1	
12	归类名称	(B-1)	
13	汇总信息	现浇板	
14	备注		
15	⊞ 显示样式		

图 1-5-3　板属性信息

注意：板厚度根据图示中标注的厚度或者说明（附注）中的厚度进行输入，本图纸说明（附注）中未注明板厚为 $h=100mm$，因此输入"100"。顶标高：通过识读图纸可以知道，板顶标高经常变化，例如，2~3 轴之间的上 B-1 标高显示为"F-0.220"，此符号表示此处板顶标高比楼层板顶标高 3.870m 低了 0.22m，但此处并不建议在"属性编辑器"中修改顶标高，建议后续将板全部布置完毕后选中板后修改其顶标高。

按照同样方法可定义楼梯平台板。以首层一号楼梯 PTB 为例，来进行楼梯平台板的属性定义。由图纸结施 012 中说明可知，PTB 板厚 110mm，由图示可知，板顶标高为 1.998m，因此需要修改厚度及顶标高的数据，如图 1-5-4 所示。

	属性名称	属性值
1	名称	PTB
2	混凝土强度等级	(C30)
3	厚度(mm)	110
4	顶标高(m)	1.998
5	保护层厚度(mm)	(15)
6	马凳筋参数图	
7	马凳筋信息	
8	线形马凳筋方向	平行横向受力筋
9	拉筋	
10	马凳筋数量计算方	向上取整+1
11	拉筋数量计算方式	向上取整+1
12	归类名称	(PTB)
13	汇总信息	现浇板
14	备注	
15	显示样式	

图 1-5-4　平台板属性界面

二、现浇板的绘制

在绘制板前，首先确认板的支座（梁或剪力墙等）已绘制完毕且位置正确。

1. "点"命令

此命令适用于板下形成了封闭区域的情况。当板下支座已绘制完毕且形成封闭的区域时，可以采用"点"命令完成板的布置。单击菜单"绘图"工具栏中的"点"按钮，如图 1-5-5 所示，在封闭区域内单击左键，即可完成板的布置。

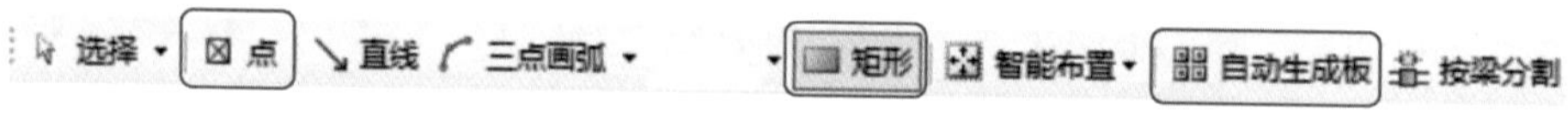

图 1-5-5　"绘图"工具栏

2. "矩形"命令

此命令适用于板下未形成封闭区域的情况。当板下支座已绘制完毕却未能形成封闭的区域，可以采用"矩形"命令完成板的布置。单击菜单"绘图"工具栏中"矩形"按钮，如图 1-5-5 所示，选择板的两个对角点，即可完成板的布置。

3. "自动生成"板命令

若想提高绘图效率，且图中板类别较少，可使用"自动生成板"命令。

注意：此命令适用于板下形成了封闭区域的情况。自动根据图中梁和墙围成的封闭区域来生成整层的板，自动生成后，需要根据图纸检查绘制完成布板范围，电梯井、楼梯间、风道口等没有板的地方需要进行删除。

三、板受力筋的定义

在绘制板受力筋前，要再次检查确认板构件是否已绘制完毕且位置正确。在"定义"的状态下，在"模块导航栏"中"绘图输入"界面下单击选择"板"→"板受力筋"，如图1-5-6所示。

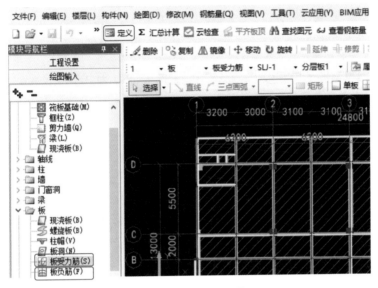

图 1-5-6　定义受力筋

根据图纸结施006中"二层板及板配筋图"，介绍板受力筋的定义方法。首先，在"构件列表"中单击"新建"按钮，选择"新建板受力筋"，如图1-5-7所示。

模块导航栏	构件列表
工程设置	新建板受力筋
绘图输入	新建跨板受力筋

图 1-5-7　选择"新建板受力筋"

其次，在"属性编辑器"中输入受力筋的属性信息。名称：若在结施图中没有受力筋的名称，可以使用软件默认名称，也可以直接输入钢筋信息，例如输入"C8-200"，此处使用软件默认名称；钢筋信息：按照图中钢筋信息输入，例如输入"C8-200"；类别：在软件中可以选择底筋、面筋、中间层筋和温度筋，可以先不修改，软件默认为底筋；左弯折和右弯折：没有特殊说明的情况下按照软件默认值，此次不修改；钢筋锚固和搭接：没有特殊说明的情况下按照软件默认值，此次不修改；长度调整：没有特殊说明的情况下按照软件默认值不修改，如图1-5-8所示。

	属性名称	属性值	附加
1	名称	SLJ-1	
2	钢筋信息	Φ8@200	☐
3	类别	底筋	☐
4	左弯折(mm)	(0)	☐
5	右弯折(mm)	(0)	☐
6	钢筋锚固	(35)	
7	钢筋搭接	(49)	
8	归类名称	(SLJ-1)	☐
9	汇总信息	板受力筋	☐
10	计算设置	按默认计算	
11	节点设置	按默认节点	
12	搭接设置	按默认搭接	☐
13	长度调整(mm)		☐
14	备注		☐
15	⊞ 显示样式		

图 1-5-8　板受力筋属性信息

四、板受力筋的绘制

在菜单栏中,可以看见"单板""多板"和"自定义"三种布筋方式;以及"水平""垂直""XY方向"三种常用布筋方向,如图1-5-9所示,此处需要根据图纸进行合理选择。

▢ 单板　田 多板　◁ 自定义 ▾ | ▯ 水平　▯ 垂直　✗ XY方向　▢ 平行边布置受力筋 ▾

图1-5-9　布筋方式及布筋方向

1. 单板布置

由图纸结施006中"二层板及板配筋图"可知,D轴之上2000mm、⑤轴之左3200mm区域,板筋与周围板筋不连通,因此应选择单板布置。又由图纸可知,此区域钢筋为双层双向,且钢筋上没有标识信息,因此应为附注中的Φ8@200。因此,在菜单栏中单击"单板"→"XY方向",之后单击配筋区域,在跳出的提示栏中选择"双网双向布置",在"钢筋信息"下面的窗口中输入钢筋信息,也可单击窗口后面的下拉菜单,选择"SLT-1(C8@200)",单击"确定"按钮,如图1-5-10所示。

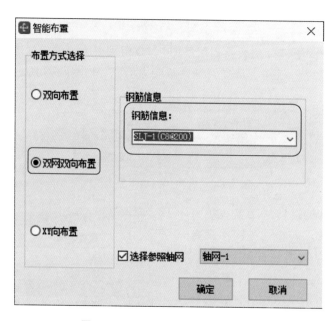

图1-5-10　双网双向布置板受力筋

2. 多板布置

由图纸结施006中"二层板及板配筋图"可知,A轴之下2000mm至C轴,①轴至⑤轴之间区域,板筋相互连通,因此应选择多板布置。又由图纸可知,此区域钢筋为双向底筋,且钢筋上没有标识信息,因此应为附注中的Φ8@200。在菜单栏中单击"多板"→"XY方向",之后单击全部配筋区域,单击鼠标右键进行确定,在跳出的提示栏中选择"双向布置",在"底筋"下面的窗口中输入钢筋信息,也可单击窗口后面的下拉菜单,选择"SLT-1(C8@200)",单击"确定"按钮,如图1-5-11所示。此处特别需要注意,如果底筋XY方面钢筋信息不一致,则单击"XY向布置",分别输入两向钢筋。

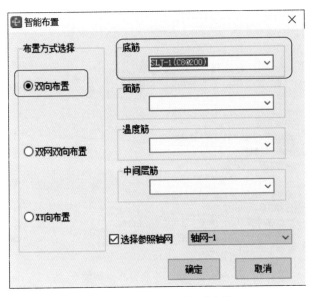

图 1-5-11　双向布置板受力筋

五、板分布钢筋的输入

需要特别注意的是分布钢筋。分布钢筋一般在结施总说明中叙述，例如本套图纸在结施001 中 7.8.6 中说明了分布筋的选用情况。因本层板厚在 90~110mm 之间，则分布筋为Φ6@170，此处输入"C6-170"，若所有板分布钢筋信息一致，可以在"工程设置"→"计算设置"→"板"→"分布钢筋配置"中输入分布钢筋信息，如图 1-5-12 所示。

六、跨板受力筋的定义与绘制

跨板受力筋是面筋，当一根钢筋横跨了两个支座（梁或者剪力墙）时，为跨板受力筋。由图纸结施 006 "二层板及板配筋图"可知，A 轴至 A 轴之下 2000mm、①轴之右 3200mm范围内，存在跨板受力筋，钢筋信息为Φ8@180。

1. 跨板受力筋的定义

以上述区域跨板受力筋为例，介绍绘制方法。如图 1-5-7 所示，在"构件列表"中单击"新建"按钮，选择"新建跨板受力筋"。在"属性编辑器"中输入跨板受力筋的属性信息。名称：可以使用软件默认名称，也可以直接输入钢筋信息，例如输入"K-C8-200"（K代表跨），此处使用软件默认名称；钢筋信息：按照图中钢筋信息输入，此处输入"C8-180"；左标注和右标注：左右两边伸出支座的长度，根据图纸中的标注进行输入，此处输入"0"和"750"；马凳筋排数：根据实际工程情况输入，此处按照软件默认值；标注长度位置：可以选择支座中心线、支座内边线和支座外边线，需根据图中标注或者图纸说明进行选择，此处按照软件默认设置。其他属性没有特别说明，按照软件默认设置。跨板受力筋Φ8@180 的属性信息如图 1-5-13 所示。

2. 跨板受力筋的绘制

因为此区域内只有一块板，因此单击菜单栏中"单板"→"垂直"，选择板，即可布置垂直方向的跨板受力筋。

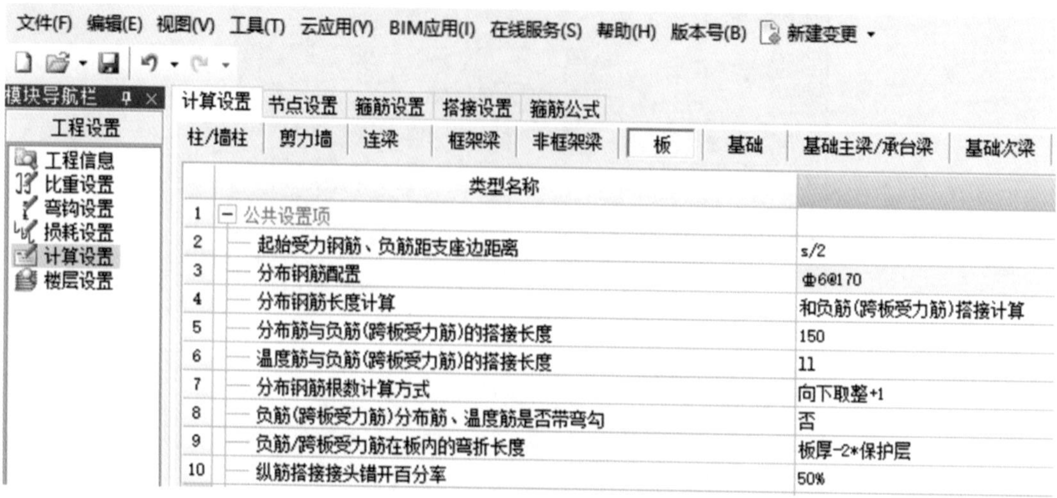

图 1-5-12 统一修改分布钢筋信息

图 1-5-13 跨板受力筋属性信息

注意：如果左右标注方向错误，可利用菜单栏中"交换左右标注"的功能切换左右标注；如果想查看布筋范围，可利用菜单栏中"查看布筋"的功能检查布筋范围，如图1-5-14所示。

图 1-5-14 "交换左右标注"和"查看布筋"功能

七、板负筋的定义与绘制

板负筋也是面筋，一般每个支座处都会出现板负筋，板负筋种类较多，容易遗漏，布置完毕需要多次检查。以图纸结施006"二层板及板配筋图"中②轴上、B~C轴之间区域为例，介绍负筋的绘制方法。

1. 板负筋的定义

如图1-5-6所示，在"定义"的状态下，在"模块导航栏"中依次选择"板"→"板负筋"。在"构件列表"中单击"新建"按钮，选择"新建板负筋"，如图1-5-15所示。

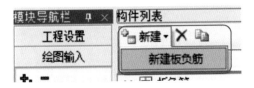

图1-5-15 选择"新建板负筋"

在"属性编辑器"中输入板负筋的属性信息。名称：可以使用软件默认名称，也可以直接输入钢筋信息，例如输入"C8-200"，此处使用软件默认名称；钢筋信息：按照图中钢筋信息输入，例如输入"C8-200"；左标注和右标注：根据图纸，此处输入"750""750"；马凳筋排数：按照软件默认值；非单边标注含支座：需根据图中标注或者图纸说明进行选择，此处按照软件默认设置。其他属性没有特别说明，按照软件默认设置，如图1-5-16所示。

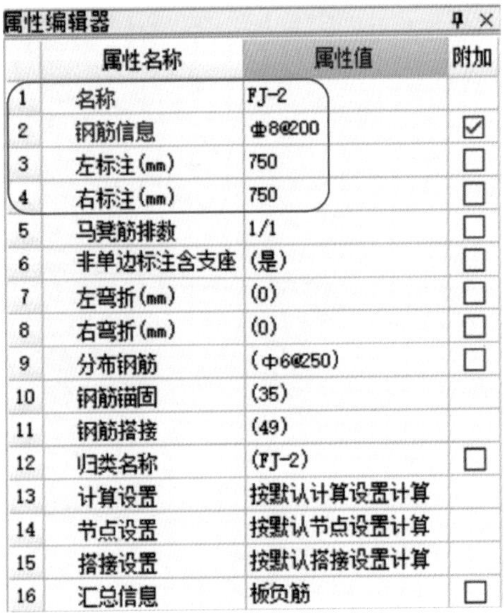

	属性名称	属性值	附加
1	名称	FJ-2	
2	钢筋信息	Φ8@200	☑
3	左标注(mm)	750	☐
4	右标注(mm)	750	☐
5	马凳筋排数	1/1	☐
6	非单边标注含支座	(是)	☐
7	左弯折(mm)	(0)	☐
8	右弯折(mm)	(0)	☐
9	分布钢筋	(Φ6@250)	☐
10	钢筋锚固	(35)	
11	钢筋搭接	(49)	
12	归类名称	(FJ-2)	☐
13	计算设置	按默认计算设置计算	
14	节点设置	按默认节点设置计算	
15	搭接设置	按默认搭接设置计算	
16	汇总信息	板负筋	☐

图1-5-16 板负筋属性信息

2. 板负筋的绘制

板负筋的布置方法有"按梁布置""按墙布置""按板边布置""画线布置"四种，如图1-5-17所示。可以根据板下支座的不同情况进行选择。以"按梁布置"命令为例，介绍绘制方法。单击"按梁布置"按钮，选择梁段即可布置成功。若板负筋左右标注长度不一致，还需单击鼠标左键确定左方向，即可布置成功。

图1-5-17 板负筋的绘制方法

任务3 任务结果

首层板的负筋和受力筋的钢筋工程量，见表1-5-1。

表 1-5-1　首层板钢筋量汇总表

汇总信息	汇总信息钢筋总重（kg）	构件名称	构件数量	HPB300	HRB400
楼层名称:1（绘图输入）				109.052	2333.661
板负筋	377.691	FJ-2	1	22.656	118.285
		FJ-1	1	7.384	29.53
		FJ-3	1	2.808	31.146
		FJ-4	1	2.964	23.003
		FJ-5	1	9.152	55.308
		FJ-6	1	4.979	44.173
		FJ-7	1	3.413	22.891
		合计	1	53.356	324.335
板受力筋	2065.022	B-110[504]	1		131.816
		B-110[508]	1		214.189
		B-110[518]	1		50.688
		B-110[532]	1		81.083
		B-110[534]	1		891.22
		B-110[526]	1		153.591
		B-110[507]	1	1.346	28.892
		B-110[523]	1	1.388	27.304
		B-110[540]	1	6.435	17.198
		B-110[553]	1		75.544
		B-110[505]	1		38.71
		B-110[500]	1		48.941
		PTB[3267]	1		55.34
		PTB[3293]	1		52.417
		B-110[516]	1	4.576	19.308
		B-110[550]	1	41.951	123.066
		合计		55.696	2009.326

学 习 拓 展

板内的钢筋种类较多，为提高板钢筋的绘制速度，有以下两种方法：

1. 应用到同名板

通过识读图纸，若发现板的钢筋信息和配置都相同，且为单板布置，可以利用"应用同名称板"功能，完成其他同名称板的钢筋绘制。具体方法为：单击菜单栏中"应用同名称板"命令，单击鼠标左键选择已经正确布筋的板图元，单击鼠标右键进行确认，这样所有同名称的板都布筋成功，如图 1-5-18 所示。

图 1-5-18　"应用同名称板"命令

2. 自动配筋

在菜单栏中，单击"自动配筋"按钮，如图 1-5-19 所示，在弹出的"自动配筋设置"窗口中，根据图纸输入钢筋信息。若所有的配筋相同，则输入底部和顶部钢筋网信息，如图 1-5-20 所示。若同一板厚的配筋相同，则用"添加"功能输入不同板厚钢筋信息，如图 1-5-21 所示。单击"确定"按钮后，单击鼠标左键点选或者框选要布筋的板图元，单击鼠标右键进行确定，则可自动进行配筋。

图 1-5-19 "自动配筋"命令

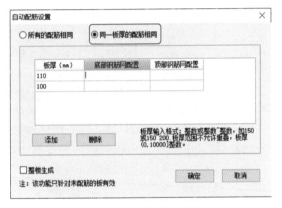

图 1-5-20 所有的配筋相同　　　　　　图 1-5-21 同一板厚的配筋相同

若图纸中需要输入马凳筋数据，可单击现浇板属性编辑器中的"马凳筋参数图"，根据实际工程情况选择相应的马凳筋形式，并输入马凳筋信息，如图 1-5-22 所示。以Ⅱ型马凳筋为例：$L_1 = 1500\text{mm}$，$L_2 = $ 板厚－两个保护层－$2d$，$L_3 = 250\text{mm}$。

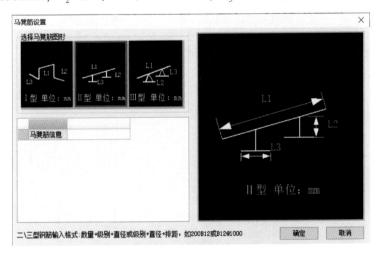

图 1-5-22 设置马凳筋信息

项目6

首层砌体墙工程量计算

学习目标

- 掌握砌体墙的类型及计算规则。
- 能够定义各类砌体墙的属性。
- 能够绘制各类砌体墙及其钢筋。
- 能够汇总砌体墙钢筋的工程量。

任务1 识读施工图

首层砌体墙
工程量计算

通过识读结构、建筑施工图，找到墙体类型及墙厚。

通过识读图纸结施 001（1）中第 5.1 条，可以得知地上和地下有两种墙体，厚度均为 200mm 厚，但砌体材料和砂浆种类不同。通过识读图纸建施 008 中说明，可以得知内墙还存在 100mm 的厚度。

任务2 软件操作

一、砌体墙的定义

依次单击"模块导航栏"→"绘图输入"→"墙"→"砌体墙"按钮，在"构件列表"中单击"新建"按钮，在下拉菜单中选择"新建砌体墙"，如图 1-6-1 所示。

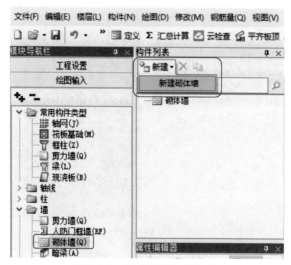

图 1-6-1 选择"新建砌体墙"

注意：内外墙都有200mm厚的墙体，虽然钢筋软件中不区分内外墙，但需要分别建立200mm厚外墙名为"ZWQ200"、200mm厚内墙名为"ZNQ200"、100mm厚内墙名为"ZNQ100"的墙体。因图纸中没有砌体通长筋和横向钢筋信息，因此"属性编辑器"中此两项不填写。以"ZWQ200"为例，属性信息如图1-6-2所示。

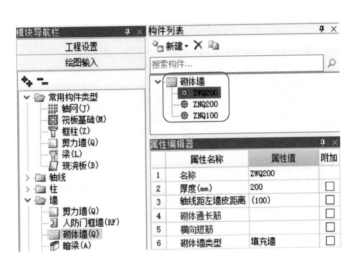

图 1-6-2 "ZWQ200" 的属性信息

二、砌体墙的绘制

砌体墙的绘制方法类似于梁，可以用"直线"命令绘制，也可以用"智能布置"→"轴线"（梁轴线、梁中心线）等命令绘制后，再用"修剪""打断"等命令进行修改，建议用"直线命令"绘制，如图1-6-3所示。

图 1-6-3 墙体的绘制方法

任务3 任务结果

因图纸中没有砌体通长筋和横向钢筋信息，因此砌体墙无钢筋工程量。

学习拓展

总说明中提到砌体墙与混凝土构件（柱、构造柱、剪力墙等）连接处设置拉结筋，需要利用软件中"砌体加筋"功能进行绘制。依次单击"模块导航栏"→"绘图输入"→"墙"→"砌体加筋"，在"构件列表"中单击"新建"按钮，在下拉菜单中选择"新建砌体加筋"，如图1-6-4所示。在弹出的提示栏中单击"参数化截面类型"后面的下拉菜单，选择相应的截面类型后，对照右侧的属性名称，输入属性值，如图1-6-5所示。

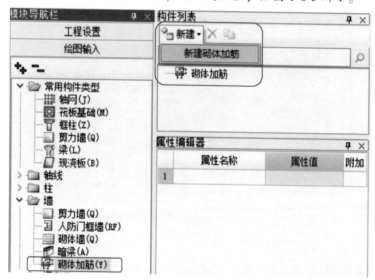

图1-6-4 "砌体加筋"命令

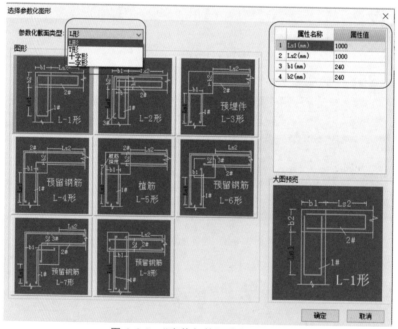

图1-6-5 "砌体加筋"参数化图形

项目 7

首层门窗工程量计算

学习目标

- 掌握门窗的类型及计算规则。
- 能够定义各类门窗的属性。

任务 1　识读施工图

首层门窗工程量计算

因门窗洞口上一般存在过梁，而过梁常用的绘制方法，一般要依靠门窗的定位自动生成，所以，要先建立门窗。另外，在门窗四周可能会存在洞口加强筋，也是需要在此处输入。本图纸没有洞口加强筋。

通过识读建筑施工图，找到：

（1）门窗的具体尺寸、门窗的材质。

（2）窗的离地高度。

通过识读图纸建施 014 详图，可以得到门窗的信息，见表 1-7-1。通过识读图纸建施 010 南、北立面图和建施 011 东、西立面图，可以得到窗的离地高度。

表 1-7-1　门窗表

序号	名称	数量（个）	宽（mm）	高（mm）	备注
1	AW1506	15	1500	600	断热铝合金窗
2	AW1516	30	1500	1600	断热铝合金窗
3	AW1519	15	1500	1900	断热铝合金窗
4	DW6032	1	6000	3200	断热铝合金门窗
5	DW16134	2	1600	13400	断热铝合金门窗
6	JFW1506	1	1500	600	甲级断热铝合金窗
7	JFW1519	1	1500	1900	甲级断热铝合金窗
8	AW1509	1	1500	900	断热铝合金窗
9	AD0821	1	800	2100	铝合金门
10	AD0921	44	900	2100	铝合金门
11	AD1521	3	1500	2100	铝合金门
12	FD1521	2	1500	2100	甲级防火门
13	FD0921	1	900	2100	甲级防火门
14	WD0921	4	900	2100	木门
15	WD0821	26	800	2100	木门

任务 2 软件操作

一、门窗的定义

1. 门的属性定义

依次单击"模块导航栏"→"门窗洞"→"门",在"构件列表"中单击"新建"按钮,在下拉菜单中选择"矩形门",在"属性编辑器"中输入门的相应数据。

注意:"洞口宽度""洞口高度"一般从门窗表中获取,但如果图纸中有门窗大样,则需要核实门窗大样和门窗表中数据是否一致,若不一致,以门窗大样为准。另外,如果有洞口加强筋、斜加筋和其他钢筋,也在"属性编辑器"中相应位置输入。以铝合金门"AD0821"为例,属性信息如图1-7-1所示。

	属性名称	属性值	附加
1	名称	AD0821	☐
2	洞口宽度(mm)	800	☐
3	洞口高度(mm)	2100	☐
4	离地高度(mm)	0	☐
5	洞口每侧加强筋		☐
6	斜加筋		☐
7	其它钢筋		☐
8	汇总信息	洞口加强	☐
9	备注		☐
10	显示样式		

图 1-7-1 门属性信息

2. 窗的属性定义

依次单击"模块导航栏"→"门窗洞"→"窗",在"构件列表"中单击"新建"按钮,在下拉菜单中选择"矩形窗",在属性编辑器中输入窗的相应数据。

注意:在属性编辑器中,需要输入离地高度的数据,离地高度的数据需要在东、西、南、北各立面图上分别识读,同一立面同一楼层处窗的离地高度可能变化,要仔细识读。以矩形窗"AW1506"为例,属性信息如图1-7-2所示。

	属性名称	属性值
1	名称	AW1506
2	洞口宽度(mm)	1500
3	洞口高度(mm)	600
4	离地高度(mm)	2100
5	洞口每侧加强筋	
6	斜加筋	
7	其它钢筋	
8	汇总信息	洞口加强筋
9	备注	
10	显示样式	

图 1-7-2 窗属性信息

二、门窗的绘制

门窗上一般会存在圈梁或者过梁，当门窗紧邻柱、构造柱、剪力墙等混凝土构件时，需要注意其上的圈梁或者过梁与旁边的柱、墙的扣减关系，因此，需要正确定位门窗构件。

1. "点"命令

以图纸建施008一层平面图中D轴上、①~②轴之间的矩形窗"AW1506"为例，介绍"点"命令的绘制方法。单击菜单栏中"点"按钮，将鼠标放置在需要绘制矩形窗的墙体上，可以看见动态输入数值框，要特别注意，数值框的数据不一定为窗左端部与左端墙体中心线的距离，可以通过识图或者计算直接输入数值，也可通过<Tab>键切换输入框，如图1-7-3所示，输入"900"。

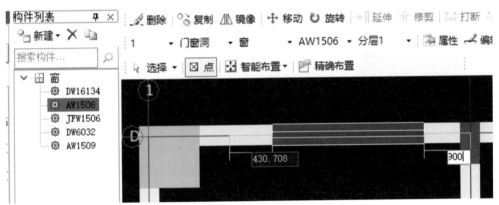

图 1-7-3 点命令布置矩形窗

2. "精确布置"命令

以图纸建施008一层平面图中①轴与C轴交点处的入室门窗"DW16134"为例，介绍"精确布置"命令的绘制方法。单击菜单栏中"精确布置"按钮，选择①轴上DW16134所在的墙体，单击①轴与C轴的交点，在窗口的"偏移值（mm）"中输入"−275"，单击"确定"按钮即可。需要注意的是"偏移值（mm）"需根据箭头方向确定其正、负号，同方向为正，反之为负，如图1-7-4所示。

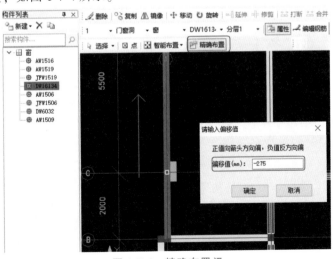

图 1-7-4 精确布置门

任务3 任务结果

因为钢筋软件中，门窗绘制的目的之一在于保证砌体墙中的钢筋的准确性，目的之二在于更为便利的绘制其上部的圈/过梁，因此钢筋软件中无门窗的工程量，其工程量是在本书土建软件部分体现。

学习拓展

若图纸中门窗的类型相同，但位置不同，可以灵活利用工具栏中"复制""镜像""移动""旋转"等命令，快速完成门窗的布置，如图1-7-5所示。

图1-7-5 精确布置门窗所用命令

项目8

构造柱、圈梁、过梁钢筋工程量计算

学习目标

- 掌握构造柱、圈梁、过梁的类型及计算规则。
- 能够定义构造柱、圈梁、过梁的属性。
- 能够绘制构造柱、圈梁、过梁及其钢筋。
- 能够汇总构造柱、圈梁、过梁钢筋的工程量。

任务1 识读施工图

构造柱、圈梁、过梁钢筋工程量计算

（1）分析图纸结施001（1）中第8.3条可知：各层构造柱均在相应层的基础平面图或楼层平面图上标出平面位置；结施001（2）中第8.7条可知；当为住宅且采用混凝土空心砌块时，填充墙墙长大于5m时，应增设间距不小于3m的构造柱。因本工程不是住宅，仅按图示绘制构造柱即可。

（2）分析图纸结施001（2）中第8.2条可知：墙高大于4m时在墙体半高处设置一道水平圈梁与柱连接，通过识读图纸，本工程不存在墙高大于4m的墙体。结施001（2）中第8.7条可知；当为住宅且采用混凝土空心砌块时，每层填充墙的中部应增设高度为120mm且与墙体同宽的腰梁（内配4Φ12，Φ6@200），因本工程不是住宅，所以不设置腰梁。结施001（2）中第9.2条可知：窗台压顶按"图9.2b"处理；在软件中窗台压顶应按圈梁布置。

（3）分析图纸结施001（2）中第9.1条可知：门或窗顶无梁时设钢筋混凝土过梁。过梁信息见表1-8-1。

表1-8-1　过梁表

净跨 l_n（mm）	断面 $h×b$	主筋	架立筋	箍筋	备注
<1200	100×墙厚	3Φ10			（1）仅考虑了相当于高度 $l_n/3$ 的砌体重量 （2）墙厚不大于240mm
1200~2000	120×墙厚	3Φ12	2Φ8	Φ6@150	
1200~2000	150×墙厚	3Φ14	2Φ10	Φ6@150	
2000~2500	180×墙厚	3Φ16	2Φ10	Φ8@200	
2500~3000	240×墙厚	3Φ16	2Φ10	Φ8@200	
3000~3500	300×墙厚	3Φ16	2Φ10	Φ8@150	
3500~4000	350×墙厚	3Φ16	2Φ12	Φ8@150	

任务2　软件操作

一、构造柱的定义和绘制

1. 构造柱的定义

构造柱的定义方法与框架柱相同，在板及板配筋图中，可以获得构造柱位置和配筋信息。本工程中构造柱的属性信息，如图1-8-1所示。

2. 构造柱的绘制

构造柱的绘制方法可以借鉴柱的绘制方法，除此之外，还可以利用"自动生成构造柱"命令，提高绘图效率。

单击菜单栏中的"自动生成构造柱"命令，在弹出窗口输入相应的数据，如图1-8-2所示。注意，"整楼生成"的复选框可根据实际情况进行选择。

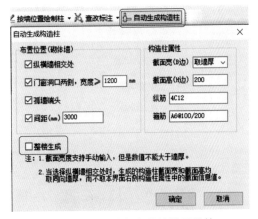

图1-8-1　构造柱属性信息　　　　图1-8-2　构造柱布置位置及属性

填写完成后，单击"确定"按钮，单击鼠标左键点选或拉框选择砌体墙，单击鼠标右键进行确定，即可自动布置构造柱。构造柱布置成功后，检查构造柱位置，如与实际情况不符，选中修改即可。

二、圈梁的定义和绘制

1. 圈梁的定义

依次单击"模块导航栏"→"绘图输入"→"梁"→"圈梁"，在"构件列表"中单击"新建"按钮，在下拉菜单中选择"新建矩形圈梁"，如图 1-8-3 所示。因图纸首层中所有窗宽在 4m 以内，因此选用图纸结施 001 (3) 中图 9.2b 右侧的图示。在"属性编辑器"中，特别注意窗台压顶的箍筋形式与正常箍筋形式不同，需要在"其它箍筋"中输入数据，如图 1-8-4 所示。需要特别注意，窗台压顶是放置在窗下的，需要修改其"起点顶标高"和"终点顶标高"。

2. 圈梁的绘制

绘制圈梁的常用方法有"智能布置"和"自动生成圈梁"，此处可采用"智能布置"→"砌体墙中心线"命令进行绘制，如图 1-8-5 所示。若个别窗户的离地高度不同，则需选中窗台压顶后修改其"起点顶标高"和"终点顶标高"。

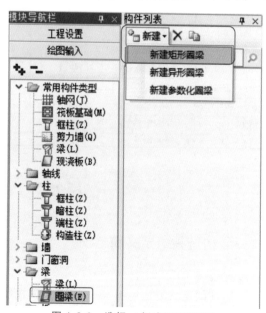

图 1-8-3　选择"新建矩形圈梁"

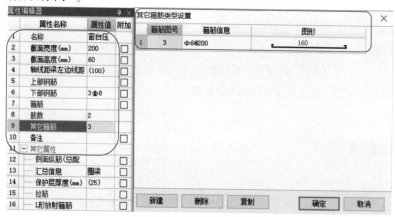

图 1-8-4　窗台压顶的属性

图 1-8-5　圈梁的绘制命令

三、过梁的定义和绘制

1. 过梁的定义

依次单击“模块导航栏”→“绘图输入”→“门窗洞”→“过梁”，在“构件列表”中单击“新建”按钮，在下拉菜单中选择“新建矩形过梁”，如图 1-8-6 所示。过梁的属性输入方法类似于梁，以“GL-1”为例，属性如图 1-8-7 所示。

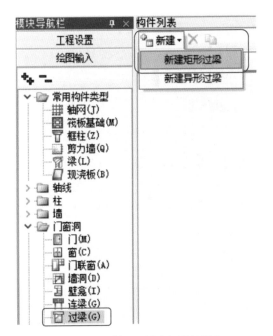

图 1-8-6 选择“新建矩形过梁”

属性编辑器

	属性名称	属性值	附加
1	名称	GL-1	
2	截面宽度(mm)		□
3	截面高度(mm)	100	□
4	全部纵筋		□
5	上部纵筋		□
6	下部纵筋	3⌀10	□
7	箍筋		□
8	肢数	2	□

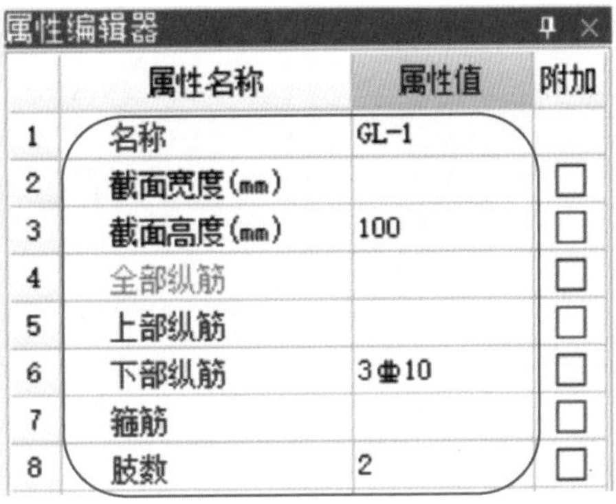

图 1-8-7 过梁属性

2. 过梁的绘制

绘制过梁的常用方法有“智能布置”→“门、窗、门联窗、墙洞、带形窗、带形洞”和“智能布置”→“按门窗洞口宽度布置”两种，如图 1-8-8 所示。可根据实际情况进行选择。特别需要注意，此方法适用于已布置好门窗洞口的情况。

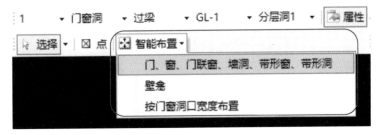

图 1-8-8 过梁的绘制命令

方法一：单击“智能布置”→“门、窗、门联窗、墙洞、带形窗、带形洞”，单击鼠标左键点选或拉框选择要在其上布置过梁的门窗洞构件，单击鼠标右键进行确认，即可完成布置。

方法二：单击"智能布置"→"按门窗洞口宽度布置"，在跳出的提示栏中选择布置类型，输入布置条件，单击"确定"铵扭即可完成布置，如图1-8-9所示。

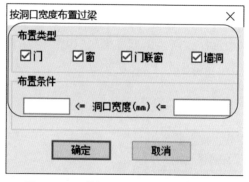

图1-8-9 "按洞口宽度布置过梁"窗口

任务3 任务结果

首层所有构造柱、圈梁、过梁的钢筋工程量，见表1-8-2~表1-8-4。

表1-8-2 首层构造柱钢筋总量

汇总信息	汇总信息钢筋总重(kg)	构件名称	构件数量	HPB300	HRB400
楼层名称:1(绘图输入)					550.326
构造柱	550.326	GZ-1[1813]	7		149.098
		GZ-1[1817]	2		48.423
		GZ-1[1818]	5		111.056
		GZ-1[1826]	3		66.101
		GZ-1[1829]	1		21.122
		GZ-1[1830]	1		21.655
		GZ-1[1831]	1		22.034
		GZ-1[1832]	1		21.655
		GZ-1[1834]	1		21.122
		GZ-1[1837]	2		68.061
		合计			550.326

表1-8-3 首层圈梁钢筋总量

汇总信息	汇总信息钢筋总重(kg)	构件名称	构件数量	HPB300	HRB400
楼层名称:1(绘图输入)				15.153	66.218
圈梁	81.371	窗台压顶[3669]	1	6.782	30.466
		窗台压顶[3670]	1	6.843	29.511
		窗台压顶[3673]	1	1.528	6.24
		合计		15.153	66.218

表 1-8-4　首层过梁钢筋总量

汇总信息	汇总信息钢筋总重(kg)	构件名称	构件数量	HPB300	HRB400
楼层名称:1(绘图输入)					303.025
过梁	303.025	GL-3[2937]	1		12.688
		GL-3[2936]	14		167.083
		GL-3[2930]	2		27.609
		GL-3[2929]	1		13.164
		GL-1[2928]	1		2.314
		GL-1[2927]	10		30.449
		GL-3[2918]	1		14.102
		GL-3[2916]	2		30.618
		GL-1[2915]	2		4.998
		合计			303.025

学 习 拓 展

（1）门框柱：分析图纸结施001（2）中第9.4条可知，门窗洞口大于2.1m时，洞口两侧应加设宽度100mm的单筋混凝土边框。可参照图8.7中A-A剖面进行配筋。门框柱在软件中可按照构造柱建立，同时将类别改为"抱框"（抱框柱是根据设计或施工需求，为固定门窗而设置的柱子），特别注意门框柱的箍筋形式与正常箍筋形式不同，需要在"其它箍筋"中输入数据，如图1-8-10所示。

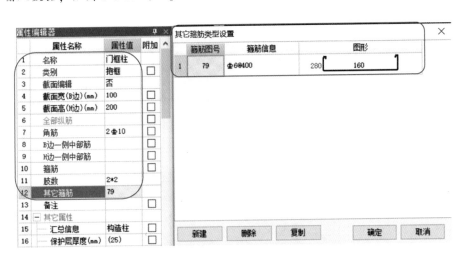

图 1-8-10　门框柱属性信息

（2）腰梁：若本工程为住宅，则需要按照要求设置腰梁。由图纸结施001（2）8.7可知，腰梁的高度为120mm，与墙体同宽，配筋为4Φ12、Φ6@200，属性如图1-8-11所示。腰梁一般是设置在墙体的中部，腰梁的"属性编辑器"中第21和22项为"起点顶标高"

和"终点顶标高",若不修改,则为默认值"层顶标高",若上部有梁,会和梁钢筋量进行扣减,造成腰梁钢筋量不准确,因此需要修改这两项属性值,以图纸建施008一层平面图①轴左侧、A~B轴之间的墙段为例,因层高为3.9m,且墙体上部无梁,则"起点顶标高"和"终点顶标高"都输入"1.85",如图1-8-12所示。

（3）过梁:对于框架梁而言,架立筋是输入在上部纵筋中,且钢筋信息需要带上括号,对于过梁而言,架立筋同样可以输入在上部纵筋中,但钢筋信息一旦输入括号,软件就会报错,处理

	属性名称	属性值	附加
1	名称	腰梁	
2	截面宽度(mm)	200	☐
3	截面高度(mm)	120	☐
4	轴线距梁左边线距	(100)	☐
5	上部钢筋	2Φ12	☐
6	下部钢筋	2Φ12	☐
7	箍筋	Φ6@200	☐
8	肢数	2	
9	其它箍筋		

图 1-8-11　腰梁属性信息

方法有以下两种,以"GL-3"为例,第一种是直接在上部纵筋中输入"2C10",如图1-8-13所示,第二种是在"模块导航栏"→"单构件输入"中完成输入。

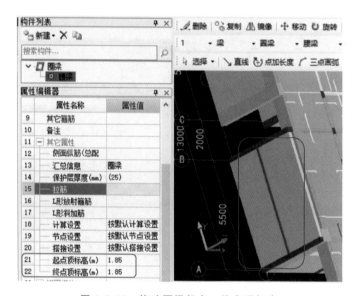

图 1-8-12　修改腰梁起点、终点顶标高

	属性名称	属性值	附加
1	名称	GL-3	
2	截面宽度(mm)		☐
3	截面高度(mm)	150	☐
4	全部纵筋		☐
5	上部纵筋	2Φ10	☐
6	下部纵筋	3Φ14	☐
7	箍筋	Φ6@150	☐
8	肢数	2	☐

图 1-8-13　过梁 GL-3 属性值

项目 9

第二、三层结构钢筋工程量计算

学习目标

- 会用"复制选定图元到其它楼层"功能。
- 会用"从其它楼层复制构件图元"功能。
- 会修改楼层有差异的构件。

任务 1 识读施工图

根据施工图，查找首层的柱、梁、板、墙和上层柱、梁、板、墙的差别。

第二、三层
结构钢筋工
程量计算

任务 2 软 件 操 作

当首层所有涉及钢筋的构件绘制完毕后，为提高绘图效率，我们采用层间复制的方法绘制其他层构件。层级复制主要有两种方法："复制选定图元到其它楼层"和"从其它楼层复制构件图元"，如图 1-9-1 所示。我们按照情况任一选择这两种方法进行复制后，再修改不同之处。

1. "复制选定图元到其它楼层"方法

在首层的图层、柱构件下，单击菜单栏中的"楼层"→"复制选定图元到其它楼层"，单击鼠标左键选择图元或者拉框选择，单击鼠标右键进行确认，在弹出的提示栏中选择相应楼层，如"2""3""4"层，单击"确定"按钮即可将柱构件复制成功，如图 1-9-2 所示。梁、板、墙构件以此类推。由此方法可知，此方法将按构件复制，每次可以复制到多个楼层，但每次只能复制一种构件。

2. "从其它楼层复制构件图元"方法

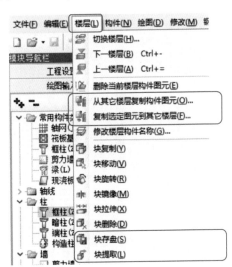

图 1-9-1 层间复制的两种方法

单击菜单栏中"楼层切换"按钮，切换到第 2 层，如图 1-9-3 所示。单击菜单栏"楼层"→"从其它楼层复制构件图元"命令，在弹出提示栏中选择源楼层，例如"1"，选择需要复制构件图元，选择目标楼层，例如为"2"，单击"确定"按钮即可将首层所有选定构件复制到二层，如图 1-9-4 所示。由此方法可知，此方法为按楼层复制，每次可以复制多种构件，且可以复制到多个楼屋。本图为复制到 2 层。

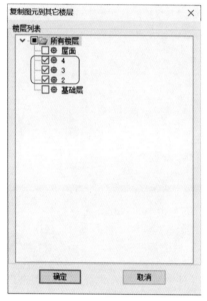

图 1-9-2 "复制选定图元到其它楼层"窗口

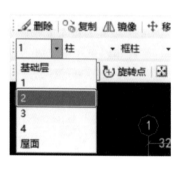

图 1-9-3 切换楼层

图 1-9-4 "从其它楼层复制图元"窗口

任务 3 任务结果

单击"模块导航栏"中的"报表预览"，选择"汇总表"→"楼层构件类型级别直径汇总表"，如图 1-9-5 所示，即可查看每层所有配筋构件钢筋工程量。

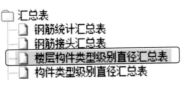

图 1-9-5 选择"楼层构件类型级别直径汇总表"

二层柱、构造柱、过梁、梁、现浇板的钢筋工程量见表1-9-1。

表 1-9-1 二层构件钢筋总重

楼层名称	构件类型	钢筋总重（kg）	HPB300	HRB400									
			6	6	8	10	12	14	16	18	20	22	25
2	柱	2944.23			787.559	233.769			143.963	551.376	925.055	302.509	
	构造柱	718.915		171.122			547.793						
	过梁	213.376		35.521		58.998		118.857					
	梁	9991.248	133.702		1700.586		909.273	126.96	689.174	977.966	1675.73	3651.385	126.473
	现浇板	2343.598	44.2		2268.869	30.529							
	合计	16211.367	177.902	206.643	4757.013	323.296	1457.066	245.818	833.137	1529.342	2600.784	3953.894	126.473

三层柱、构造柱、过梁、梁、现浇板的钢筋工程量见表1-9-2。

表 1-9-2 三层构件钢筋总重

楼层名称	构件类型	钢筋总重（kg）	HPB300	HRB400									
			6	6	8	10	12	14	16	18	20	22	25
3	柱	2531.851			750.647	214.815			144.617	475.2	749.892	196.68	
	构造柱	891.025		209.272			681.753						
	过梁	246.254		30.796		112.075		103.382					
	梁	8888.116	129.515		1651.242		880.813	126.96	565.447	1007.01	1772.297	2706.591	48.241
	现浇板	2380.362	34.158		2346.204								
	合计	14937.607	163.673	240.068	4748.094	326.89	1562.566	230.343	710.065	1482.21	2522.169	2903.271	48.241

学 习 拓 展

除了层间复制方法，还有一种快速建立整层图元的方法：块存盘、块提取。

1. 块存盘

在首层的图层下，单击菜单栏中的"楼层"→"块存盘"命令，如图1-9-1所示，框选本层所有构件图元，选择基准点（一般为①轴与A轴的交点），弹出"另存为"窗口，输入保存名称和选择保存位置。保存位置将出现"GTP"文件。

2. 块提取

切换到指定楼层，如第二层，单击菜单栏"楼层"→"块提取"命令，如图1-9-1所示，在弹出的窗口找到"GTP"文件的存放位置，单击"打开"按钮，选择基准点（一般为①轴与A轴的交点），即可提取成功。

项目 10

屋面层、屋架层结构钢筋工程量计算

任务 1   识读施工图

屋面层、屋架层结构钢筋工程量计算

(1) 分析图纸结施 010 中的屋面梁平法配筋图和屋面板及板配筋图
(2) 分析图纸结施 011 中的屋架梁平法配筋图和屋架板及板配筋图

任务 2   软件操作

一、屋面层、屋架层定义和绘制

屋面板、屋架板的定义与绘制方法与楼面板相同。绘制屋面板和屋架板时，注意扣除板洞。屋面梁和屋架梁的定义与绘制方法与楼层梁相同。

二、判断边角柱

当屋面和屋架的所有构件绘制完成时，需要进行识别边角柱的工作。我们发现，在柱的"属性编辑器"中，第 12 项"柱类型"都为系统默认的"中柱"，因此需要单击菜单栏中的"自动判断边角柱"命令，如图 1-10-1 所示，软件会弹出"自动判断成功"的提示，如图 1-10-2 所示，这时我们查看柱子，会发现柱子的颜色发生了变化。

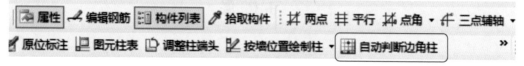

图 1-10-1 "自动判断边角柱"命令

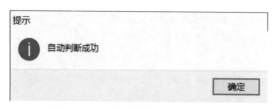

图 1-10-2 "自动判断成功"提示框

任务3 任务结果

四层柱、构造柱、过梁、梁、现浇板的钢筋工程量见表 1-10-1。

表 1-10-1 屋面层构件钢筋总重

楼层名称	构件类型	钢筋总重（kg）	HPB300		HRB400									
			6	8	6	8	10	12	14	16	18	20	22	25
2	柱	2099.282				698.207	214.815				399.36	615.944	170.957	
	构造柱	792.443			187.629			604.813						
	过梁	265.139			30.409		93.226		141.505					
	梁	6785.17	91.083	60.83		1395.157		760.009		547.59	691.71	1508.147	1704.31	26.334
	现浇板	3404.848				3404.848								
	合计	13346.882	91.083	60.83	218.038	5498.212	308.04	1364.822	141.505	547.59	1091.07	2124.091	1875.266	26.334

屋面层柱、构造柱、过梁、梁、现浇板的钢筋工程量见表 1-10-2。

表 1-10-2 屋架层构件钢筋总重

楼层名称	构件类型	钢筋总重（kg）	HPB300	HRB400					
			6	8	12	16	18	20	22
屋面	柱	744.783		290.693			327.248	101.023	25.819
	梁	1926.897	16.729	528.996	136.354	1051.281	193.536		
	现浇板	554.392		554.392					
	合计	3226.072	16.729	1374.081	136.354	1051.281	520.784	101.023	25.819

项目 11

基础层钢筋工程量计算

学习目标

- 掌握基础、地梁类型及计算规则。
- 能够定义独立基础、地梁的属性。
- 能够绘制独立基础、地梁及其钢筋。
- 能够汇总独立基础、地梁的钢筋工程量。

任务1 识读施工图

（1）通过识读图纸结施 004 "基础平面布置图"，可以知道本工程基础类型为独立基础，且共有五种不同尺寸。以内容 "JC-1" 为例进行

基础层钢筋工程量计算

讲解。

（2）通过识读图纸结施 007 "一层平法配筋图"，熟悉基础梁的配筋。

任务 2　软　件　操　作

一、定义独立基础

1. 建立独立基础单元

依次单击 "模块导航栏"→"绘图输入"→"基础"→"独立基础"，在 "构件列表" 中单击 "新建" 按钮，在下拉菜单中选择 "新建独立基础"，如图 1-11-1 所示。继续单击 "新建" 按钮，在下拉菜单中选择 "新建参数化独立基础单位"，如图 1-11-2 所示。在弹出的提示栏中，左侧选择参数化图形，右侧输入 JC-1 的基本信息，如图 1-11-3 所示。

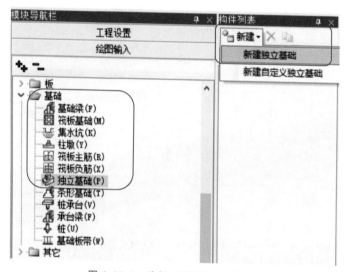

图 1-11-1　选择 "新建独立基础"

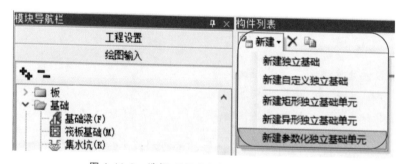

图 1-11-2　选择 "新建参数化独立基础单位"

2. 输入钢筋信息

在构件列表中选择 "（底）JC-1-1"，在 "属性编辑器" 中输入 "横向受力筋" 和 "纵向受力筋" 的钢筋信息，如图 1-11-4 所示。若发现独立基础尺寸输入有误，可单击 "序号 2" 一栏中的 "属性值"→"四棱锥台形" 独立基础，单击 "…" 按钮，可直接弹出选择参数化图形的界面。

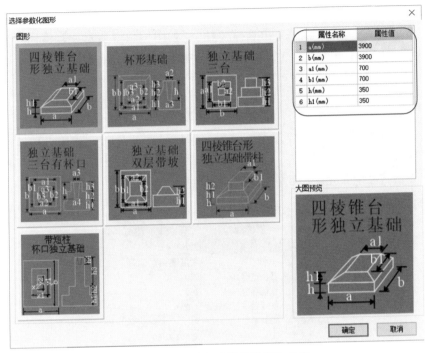

图 1-11-3 "选择参数化图形"界面

	属性名称	属性值
1	名称	JC-1-1
2	截面形状	四棱锥台形
3	截面长度(mm)	3900
4	截面宽度(mm)	3900
5	高度(mm)	700
6	相对底标高(m)	(0)
7	横向受力筋	Φ14@180
8	纵向受力筋	Φ14@180
9	其它钢筋	

构件列表

➕ 新建 ▾ ✕ 🗐

搜索构件...

∨ 🏛 独立基础
  ∨ ⚙ JC-1
    ⚙ (底)JC-1-1
  ∨ ⚙ JC-2
    ⚙ (底)JC-2-2
  ∨ ⚙ JC-3
    ⚙ (底)JC-3-2

图 1-11-4 独立基础定义界面

二、布置独立基础

独立基础定义完成后，可采取两种方法布置独立基础。需要特别注意，在布置独立基础之前，应采用"从其它楼层复制构件图元"命令，将柱复制到基础层。

1. "点"命令

单击菜单栏中"点"命令，如图 1-11-5 所示，可根据图纸所示位置逐一布置独立基础。

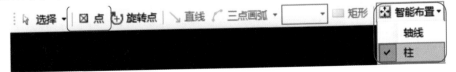

图 1-11-5 绘制独立基础的常用命令

2. "智能布置"→"柱"命令

单击"智能布置",在下拉菜单中选择"柱",如图 1-11-5 所示。若构件列表中选中的是 JC-1,则框选 JC-1 上的所有柱子,单击鼠标右键进行确定。此方法能提高绘图效果,并且保证基础位置的正确。

三、定义及布置地梁

由图纸结施 007"一层平法配筋图"可知,梁顶标高为 -0.03m,因此应在基础层,用建立框架梁的方式,建立地梁。在"模块导航栏"中依次单击"绘图输入"→"梁"→"梁",定义和绘制方法与楼层梁完全一致。KL101 的属性如图 1-11-6 所示。

属性编辑器			
	属性名称	属性值	附加
1	名称	KL101 (4)	
2	类别	楼层框架梁	☐
3	截面宽度(mm)	250	☐
4	截面高度(mm)	650	☐
5	轴线距梁左边线距	(125)	☐
6	跨数量	4	☐
7	箍筋	Φ8@100/20	☐
8	肢数	2	
9	上部通长筋	2Φ22	☐
10	下部通长筋		☐
11	侧面构造或受扭筋	N4Φ14	☐
12	拉筋	(Φ6)	☐
13	其它箍筋		
14	备注		☐
15	⊞ 其它属性		
23	⊞ 锚固搭接		
38	⊞ 显示样式		

图 1-11-6 KL101 的属性

任 务 3 任 务 结 果

基础层独立基础的钢筋工程量见表 1-11-1,梁的钢筋工程量见表 1-11-2。

表 1-11-1 独立基础钢筋量汇总表

汇总信息	汇总信息钢筋总重(kg)	构件名称	构件数量	HRB400
楼层名称:基础层(绘图输入)				
				3700.82
独立基础	3700.82	JC-4[1215]	3	511.612
		JC-5[1217]	6	1889.933
		JC-1[1225]	3	564.828
		JC-2[1227]	1	240.792
		JC-3[1229]	2	493.655
		合计		3700.82

表 1-11-2　基础梁钢筋总重

汇总信息	汇总信息钢筋总重(kg)	构件名称	构件数量	HPB300	HRB400
楼层名称:基础层(绘图输入)				108.044	5630.756
梁	5738.801	KL1(2)[127]	1	9.56	376.238
		KL101(4)[128]	1	17.126	726.953
		KL107(2)[129]	1	8.365	371.593
		KL103(4)[130]	1	22.704	745.053
		KL102(4)[131]	1	8.763	765.092
		L106(2)[132]	1	3.386	224.32
		KL104(2)[133]	1	6.174	358.457
		KL105(2)[134]	1	6.174	335.607
		L108(2)[135]	1	3.386	207.084
		KL106(2)[136]	1	8.365	350.644
		L110(2)[137]	1	7.469	259.773
		L102(1)[138]	1	3.187	116.762
		L101(1)[139]	1		37.111
		L109(1)[140]	1		28.98
		L104(1)[141]	1		56.691
		L108(2)[142]	1	3.386	203.695
		L105(1)[143]	1		37.111
		L107(1)[144]	1		82.88
		L103(4)[145]	1		346.711
		合计		108.044	5630.756

学 习 拓 展

（1）本工程为独立基础，常见的基础类型还有桩承台基础和条形基础，建立的方法与独立基础类似。若基础类型为筏板基础，建立的方法则与板类似。

（2）本工程在基础层设置地梁时，是按照框架梁建立的，而在软件中，有"模块导航栏"→"绘图输入"→"基础"→"基础梁"这一项，那么，如何梁判别基础层的梁是基础梁还是地梁呢？方法如下：

1）地梁：或称地下框架梁，其底面高于基础（或承台）顶面，但梁顶面低于建筑±0.000 标高，并以框架柱作为支座，其代号中包含 KL（即框架梁）。这种梁底部"悬空"，不受地基反力作用。

2）基础梁：基础梁底标高同基础底标高相同。基础梁一般设置于筏形基础或钢筋混凝土条形基础中，板中配有受力钢筋。基础梁要承重，且置于地基上，受地基反力作用。

项目 12

楼梯钢筋工程量计算

学习目标

- 掌握楼梯类型及计算规则。
- 能够应用单构件命令输入楼梯的钢筋。
- 能够汇总楼梯的钢筋工程量。

楼梯钢筋工
程量计算

任务 1 识读施工图

以首层 1#楼梯为例，通过识读图纸结施 012 1#楼梯结构详图，读取楼梯的相关信息，如梯板厚度、钢筋信息及楼梯具体位置等。

任务 2 软 件 操 作

一、楼梯的定义

楼梯钢筋的定义途径和方法有别于其他主体构件，在"模块导航栏"中，单击"单构件输入"按钮，单击左下角"构件管理"图标，如图 1-12-1 所示，将会弹出"单构件输入构件管理"提示栏，在左侧构件栏中选择"楼梯"，在上部菜单栏中单击"添加构件"命令，软件将会自动添加"楼梯 | LT-1"，如图 1-12-2 所示。查看图纸，可修改"构件数量"，修改完毕后可单击"确定"按钮。因本工程 1#楼梯的六个梯板分为 TB1~TB6 六种形式，因此此处"构件数量"为"1"。

图 1-12-1 "单构件输入"图标

二、楼梯的绘制

单击"参数输入"按钮，如图 1-12-3 所示，弹出"参数输入法"界面，单击"选择图

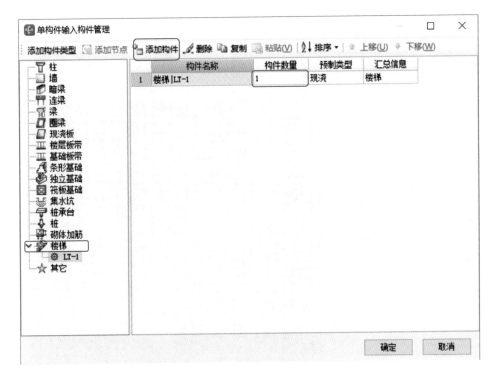

图 1-12-2　添加"楼梯｜LT-1"

集"按钮,弹出"选择标准图集"界面,在左侧的"图集列表"中选择相应的楼梯类型,如图 1-12-4 所示。通过识读图纸可知,本工程楼梯为滑动支座,以 TB1 为例,应选择"ATb型楼梯"。

根据图纸,在楼梯参数图中绿色文字处,输入钢筋信息和截面信息,输入完成后,单击"计算退出"按钮,如图 1-12-5 所示。

注意:图 1-12-5 中圆圈处的配筋与图纸配筋不一致,可自行计算后在如图 1-12-6所示中"计算公式"处修改(可直接输入最终长度)。另外,图 1-12-5 中的附加纵筋 1 和附加纵筋 2 虽然在图纸中没有特别说明,但属于规范要求,因此此处按规范默认配筋即可。

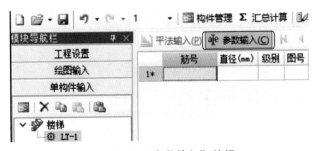

图 1-12-3　"参数输入"按钮

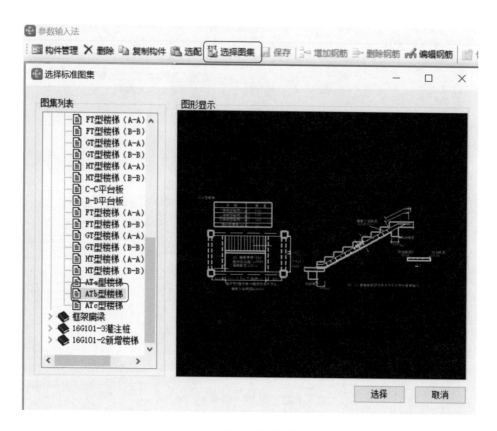

图 1-12-4 选择图集

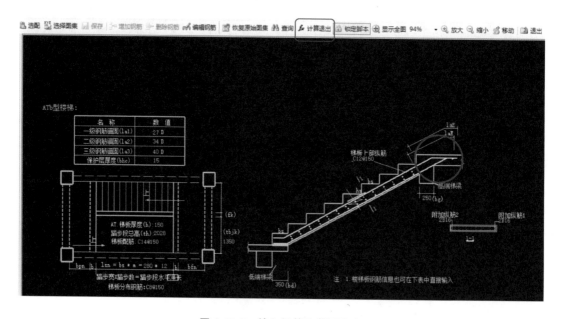

图 1-12-5 输入钢筋和截面信息

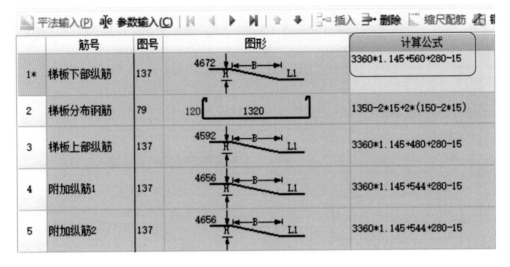

图 1-12-6 修改钢筋计算公式

任务3 任务结果

楼梯的钢筋工程量见表 1-12-1。

表 1-12-1 所有楼梯构件钢筋汇总表

楼层名称	构件类型	钢筋总重（kg）	HRB400				
			6	8	10	12	14
1	楼梯	1576.542	3.213	316.241	337.439	521.308	398.342
	合计	1576.542	3.213	316.241	337.439	521.308	398.342
全部层汇总	楼梯	1576.542	3.213	316.241	337.439	521.308	398.342
	合计	1576.542	3.213	316.241	337.439	521.308	398.342

学 习 拓 展

上述介绍的方法是使用软件内置图集来绘制楼梯钢筋。可以看到，当软件内置图集与实际工程不一致时，还需要自行计算钢筋长度，另外，图纸中还存在一些软件中没有的钢筋，也需要自行计算，因此上述方法更适合于图纸与软件内置图集基本一致的情况。如遇到不一致的情况，可采用下述方法进行输入：在"筋号"处输入"1"，单击图号下面的"…"打开系统图库，选择钢筋图形，在"计算公式"处输入长度即可（长度自行计算），如图 1-12-7 所示。

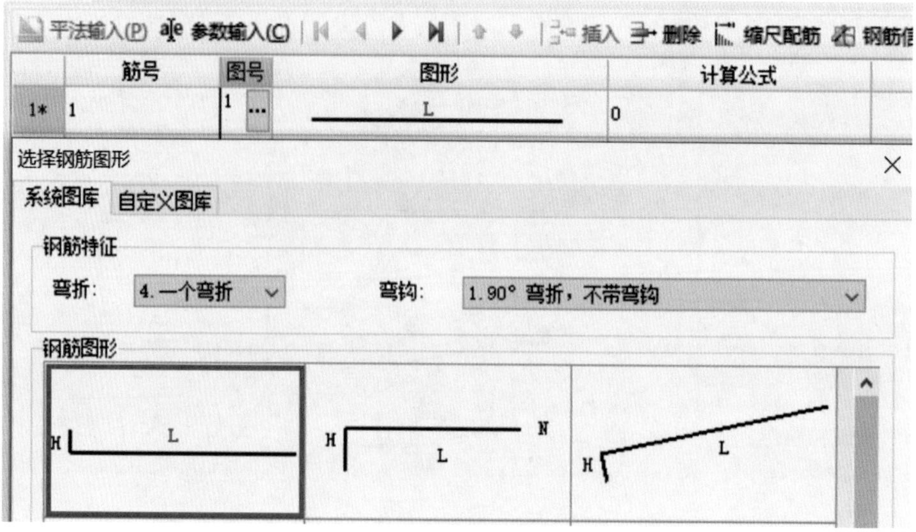

	筋号	图号	图形	计算公式
1*	1	1 ...	L	0

选择钢筋图形 ✕

系统图库　自定义图库

钢筋特征

弯折:　4.一个弯折 ∨　　　弯钩:　1.90°弯折，不带弯钩 ∨

钢筋图形

图 1-12-7　选择钢筋图形

项目 13

汇总计算和查看钢筋量

学习目标

- 能够查看建筑三维。
- 能够审查钢筋计算结果。
- 能够查看钢筋三维。

任务1　软件操作

汇总计算和
查看钢筋量

一、查看建筑三维

单击菜单栏中的"视图"命令，选择"选择楼层"，在弹出的"三维楼层显示设置"中选择"全部楼层"，如图 1-13-1 所示。在"构件图元显示设置--轴网"中选择"所有构件"，如图 1-13-2 所示。单击菜单栏中的"动态观察"命令，如图 1-13-3 所示，按住鼠标左键调整观察角度，如图 1-13-4 所示。特别注意，如要恢复到平面状态，单击菜单中"俯视"命令即可，如图 1-13-3 所示。

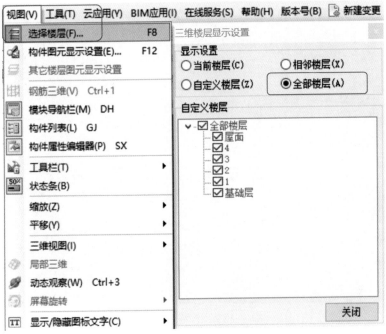

图 1-13-1　选择全部楼层

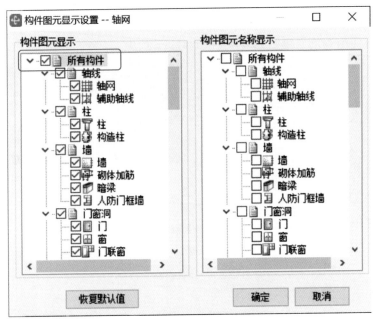

图 1-13-2　选择所有构件

图 1-13-3　"动态观察"命令

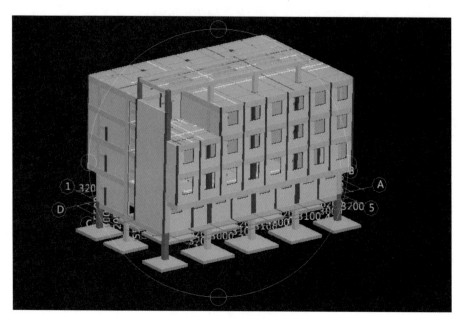

图 1-13-4　钢筋完整模型

二、查看钢筋计算结果

单击菜单栏中的“汇总计算”命令，可计算整幢、整层或某些构件的钢筋工程量。若仅想计算单个构件的钢筋，则可选中构件，单击鼠标右键，选择“计算选中图元”，如图 1-13-5 所示。若想查看此构件钢筋工程量明细，可单击菜单栏中的“编辑钢筋”命令，如图 1-13-6 所示。单击鼠标左键选择构件，界面下方将会出现构件内钢筋工程量明细，如图 1-13-7 所示。

批量查改标注
计算选中图元
构件转换
删除所有楼层同位置图元

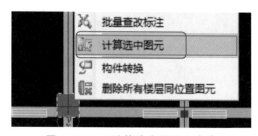

图 1-13-5　“计算选中图元”命令

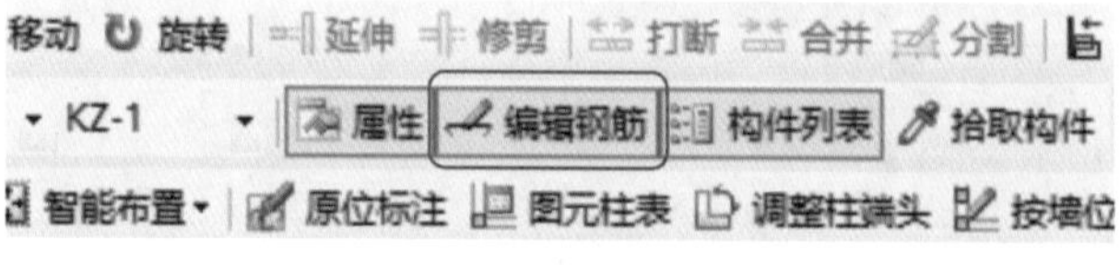

移动 旋转 延伸 修剪 打断 合并 分割
KZ-1 属性 编辑钢筋 构件列表 拾取构件
智能布置 原位标注 图元柱表 调整柱端头 按墙位

图 1-13-6　“编辑钢筋”命令

插入　删除　缩尺配筋　钢筋信息　钢筋图库　其他　关闭　单构件钢筋总重(kg): 175.164

	筋号	直径(mm)	级别	图号	图形	计算公式	公式描述	长度(mm)
1*	B边纵筋.1	20	Φ	1	3333	3900-1067+max(2950/6,500,500)	层高-本层的露出长度+上层露出长度	3333
2	B边纵筋.2	20	Φ	1	3333	3900-1767+max(2950/6,500,500)+1*max(35*d,500)	层高-本层的露出长度+上层露出长度+错开距离	3333
3	B边纵筋.3	20	Φ	1	3341	3908-1067+max(2950/6,500,500)	层高-本层的露出长度+上层露出长度	3341
4	B边纵筋.4	20	Φ	1	3341	3908-1767+max(2950/6,500,500)+1*max(35*d,500)	层高-本层的露出长度+上层露出长度+错开距离	3341

图 1-13-7　钢筋工程量明细

> 注意：若发现单根钢筋工程量需要修改，可单击“图形”一栏红色字体处，输入钢筋长度，如图 1-13-7 所示。若修改完毕之后不锁定，重新汇总计算后软件会按照原计算规范重新计算，手动输入的信息会无效，因此一定要进行锁定的工作。流程如下：单击菜单栏中“构件”→“锁定”或菜单栏中的“锁定”命令，如图 1-13-8 所示，按照提示对构件进行锁定。

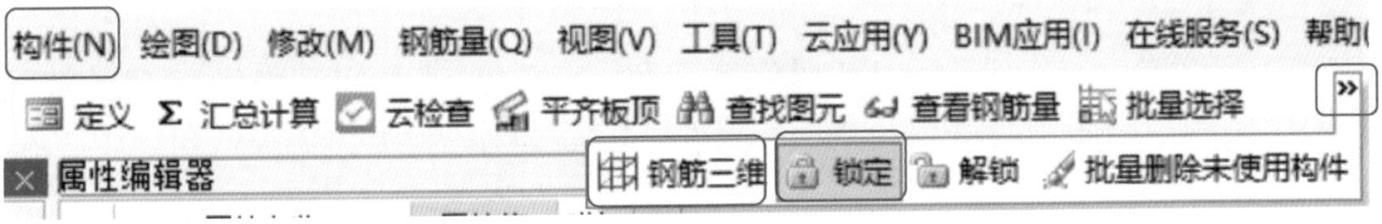

构件(N) 绘图(D) 修改(M) 钢筋量(Q) 视图(V) 工具(T) 云应用(Y) BIM应用(I) 在线服务(S) 帮助
定义 Σ 汇总计算 云检查 平齐板顶 查找图元 查看钢筋量 批量选择
属性编辑器
钢筋三维 锁定 解锁 批量删除未使用构件

图 1-13-8 “锁定”命令

三、查看钢筋三维

如图 1-13-8 所示，菜单栏中还有“钢筋三维”的功能。此功能是用来查看构件的钢筋三维，还可以显示钢筋长度的计算公式，供查看和对量，如图 1-13-9 所示。查看梁钢筋的三维，还可在左侧“钢筋显示控制面板”中勾选复选框，以显示所需钢筋，还可点选图中钢筋，例如箍筋，软件则显示箍筋的计算公式，以供核对。

选择 直线 点加长度 三点画弧 矩形 智能布置
钢筋显示控制面板
上部通长筋
支座负筋
下部钢筋
下部通长筋
箍筋
显示其它图元
显示详细公式
2*((200-2*20)+(400-2*20))+2*(11.9*d)

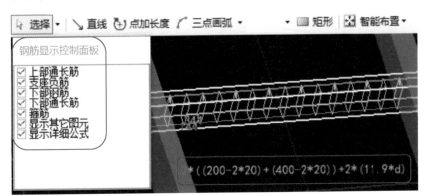

图 1-13-9 梁的钢筋三维

任务 2 任务结果

整楼所有构件的钢筋工程量见表 1-13-1。

表 1-13-1 整楼所有构件钢筋工程量

构件类型	钢筋总重（kg）	HPB300		HRB400									
		6	8	6	8	10	12	14	16	18	20	22	25
柱	15706.904				4323.955	1819.888			456.87	1753.184	6113.625	1105.112	134.269
构造柱	3127.623			743.037			2384.585						

构件类型	钢筋总重（kg）	HPB300		HRB400									
		6	8	6	8	10	12	14	16	18	20	22	25
过梁	1024.094			147.121		353.51		523.464					
梁	42603.496	622.075	60.83	14.316	7783.097	215.76	4058.35	664.936	3679.626	3890.142	7638.413	13585.152	390.798
现浇板	10982.96	150.73			10617.601	214.63							
独立基础	3700.82							1076.44	2624.38				
楼梯	1577.092			3.764	316.241	337.439	521.308	398.342					
其他	1903.946		30.052	313.804	484.701	1075.39							
合计	80626.935	772.805	90.882	1222.042	23525.594	4016.616	6964.243	2663.182	6760.875	5643.326	13752.039	14690.265	525.067

模块二 广联达BIM土建工程量计算

项目 1

新建工程

学习目标

- 能够正确选择清单与定额规则，以及相应的清单库和定额库。
- 能够正确设置室内外高差。
- 能够根据图纸要求设置混凝土标号、砂浆标号、砂浆类别。

任务 1　识读施工图

新建工程

（1）通过识读图纸建施 006 可知：用料说明、室内外装修做法。

（2）通过识读图纸结施 001（1）的结构设计说明，由 5.1 可知砂浆的标号和砂浆的类别；由 5.2 可知混凝土的标号。

任务 2　软 件 操 作

一、新建工程及设置相关信息

（1）在桌面上或者在开始菜单中，启动"广联达 BIM 土建算量软件 GCL2013"软件，进入"欢迎使用 GCL2013"界面，如图 2-1-1 所示。本教材使用的土建算量软件版本号为 10.6.3.1325。

（2）单击图 2-1-1 中"新建向导"按钮，进入"新建工程：第一步，工程名称"界面，如图 2-1-2 所示。然后，将界面中信息补充完整，"工程名称"一般与图纸名称一致，可输入"某市派出所","计算规则""定额库和清单库"应按照当地最新清单和定额进行选择,这里以江苏省最新清单和定额库为例,如图2-1-2所示。特别提醒,"计算规则"。"定额库和清单库"一旦选定,不可修改。"做法模式"一般选择"纯做法模式"。

(3)单击图2-1-2中"下一步"按钮,进入"新建工程:第二步,工程信息"界面,如图2-1-3所示。

图 2-1-1 "欢迎使用 GCL2013" 界面

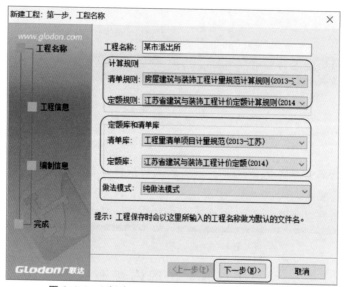

图 2-1-2 "新建工程:第一步,工程名称"界面

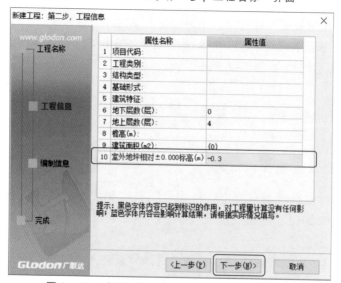

图 2-1-3 "新建工程:第二步,工程信息"界面

注意：在工程信息中，黑色字体信息选填，蓝色字体信息必填。如室外地坪相对 ±0.000 标高的属性值，根据实际工程输入，本工程室内外高差为-0.3m。

（4）单击图 2-1-3 中"下一步"按钮，进入"新建工程：第三步，编制信息"界面，如图 2-1-4 所示，编制日期为自动生成日期，其他信息可按照工程实际情况进行填写，也可不填写。

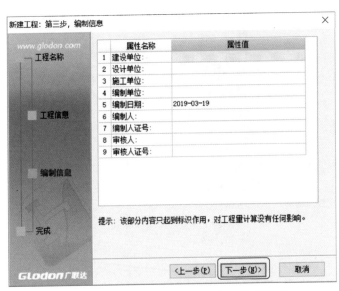

图 2-1-4 "新建工程：第三步，编制信息"界面

（5）单击图 2-14 中"下一步"按钮，进入"新建工程：第四步，完成"界面，此次显示所有的"工程信息"和"编制信息"，如图 2-1-5 所示。

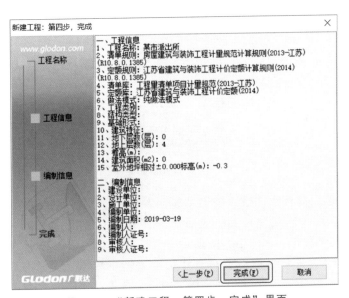

图 2-1-5 "新建工程：第四步，完成"界面

（6）单击图2-1-5中"完成"按钮，完成新建工程，切换到工程设置中"工程信息"的界面，该界面显示了新建工程的工程信息和编制信息，供查看和修改，如图2-1-6所示。但需要注意的是，清单规则、定额规则、清单库、定额库和做法模式无法修改。

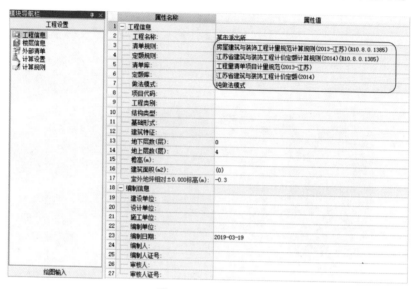

图 2-1-6　工程信息

二、钢筋导入土建工程

（1）完成新建工程后，单击"文件"→"导入钢筋（GGJ）工程"按钮，如图2-1-7所示。弹出"打开"窗口，选择要打开的钢筋文件，单击"打开"按钮，如图2-1-8所示。

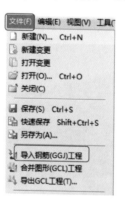

图 2-1-7　打开钢筋文件

（2）修改楼层表。打开文件后，跳出"楼层高度不一致，请修改后再导入"提示框，如图2-1-9所示，单击"确定"按钮，进行下一步操作；跳出"层高对比"窗口，单击"按照钢筋层高导入"按钮，如图2-1-10所示。

弹出"导入GGJ文件"的窗口，在"楼层列表"中单击"全选"按钮，再单击"确定"按钮，如图2-1-11所示。此时，弹出提示窗口，单击"确定"按钮，如图2-1-12所示，完成钢筋文件的导入。

图 2-1-8 "打开"界面

图 2-1-9 提示框

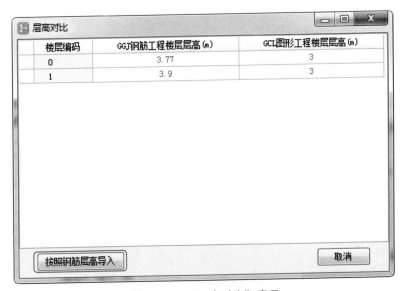

图 2-1-10 "层高对比"窗口

图 2-1-11　导入 GGJ 文件

图 2-1-12　完成提示框

任务 3　任务结果

将 GGJ2013 版软件的工程信息、成功导入 GCL2013 版软件中。

学习拓展

（1）本软件提供了两种做法模式：纯做法模式和工程量表模式。

在纯做法模式下，做法套用灵活，用户操作软件的自主性高，工程量计算思路清晰，套用做法流程简单，但对使用者的造价算量基础要求较高，初学者容易缺项漏项，适合有一定造价基础且熟悉构件做法和工程量计算规则的用户使用，如图 2-1-13 所示。

图 2-1-13　纯做法模式下的构件做法窗口

在工程量表模式下，软件内置各构件的量表，可以帮助新预算员其在短时间内胜任岗位工作，提高工作效率，但量表覆盖面有限，新增量表做法较复杂，操作局限性较大，使用软件的灵活性降低，工程量表达式需要复核，如图 2-1-14 所示。新建工程时，可尝试使用工程量表模式进行操作。

图 2-1-14　工程量表模式下的构件做法窗口

（2）对于工程实际而言，很多工程有自己的外部清单，需要在软件中导入外部清单。操作流程：单击"模块导航栏"中的"外部清单"按钮，如图 2-1-15 所示。

图 2-1-15　"外部清单"按钮

单击"导入 Excel 清单表"，在弹出的提示栏中单击"选择"，选择外部清单存放位置，找到后单击"导入"，即可完成外部清单的导入，如图 2-1-16 所示。

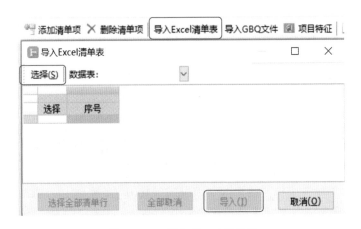

图 2-1-16　导入 Excel 清单表

项目2

首层柱的工程量计算

学习目标

- 能够依据清单和定额规则，分析柱的工程量计算规则。
- 能够识读结构设计说明获取柱的相关信息。
- 能够统计柱混凝土工程量。

任务1　软件操作

首层柱的工程量计算

（1）由于导入的钢筋文件内已经包含了柱构件，因此不需要再建立柱构件，仅需套用相应清单和定额。在"模块导航栏"中单击"绘图输入"，选择"柱"→"柱"，单击菜单栏中的"定义"按钮，进入到套用做法界面，可通过"查询匹配清单""查询清单库""查询匹配外部清单"等方法套用清单。如采用"查询匹配清单"的方法，则在序号"5"对应行连续两次双击鼠标左键，清单即可套用成功，如图2-2-1所示。

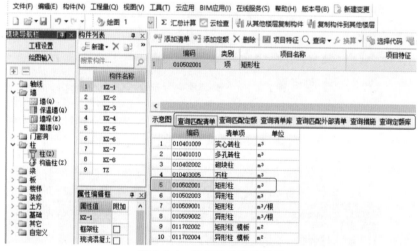

图2-2-1　套用清单做法界面

注意：软件中给出的清单编码为九位，套用完成后需要手动添加第十至十二位编码，如KZ-1清单编码为"010502001001"，最后三位"001"为用户自己添加。若对柱构件的清单编码较为熟悉，也可以先单击"添加清单"按钮，软件会添加绿色空白行，直接在序号"1"对应的"编码"处输入"010502001001"，按<Enter>键后，即可完成清单套用，如图2-2-2所示。值得注意的是，此处虽然输入了12位编码，按<Enter>键后仍为9位编码，最后3位仍需自行添加。

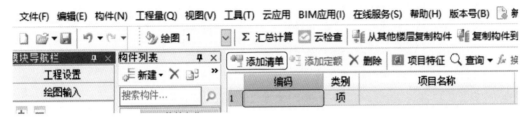

图 2-2-2　清单编码输入栏

（2）清单套用完成后，需进行定额套用工作，可采用"查询匹配定额""查询定额库"等方法套用定额。若采用"查询匹配定额"的方法，则可根据图纸中混凝土柱相应的混凝土强度等级及类别，在序号"54"对应行连续两次双击鼠标左键，定额即可套用成功，如图 2-2-3 所示。

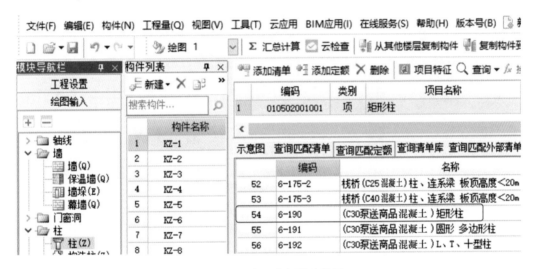

图 2-2-3　套用定额做法界面

若对柱构件的定额编码较为熟悉，可以先单击"添加定额"按钮，软件会添加白色空白行，直接在序号"2"对应的"编码"处输入"6-190"，按<Enter>键后，即可完成定额套用，如图 2-2-4 所示。

图 2-2-4　定额"编码"输入栏

清单和定额套用完毕后，可根据图纸信息，采用直接输入的方法，将矩形柱的项目特征补充完成。最后，以同样的方法，完成 KZ-1 模板清单和定额的套用，如图 2-2-5 所示。

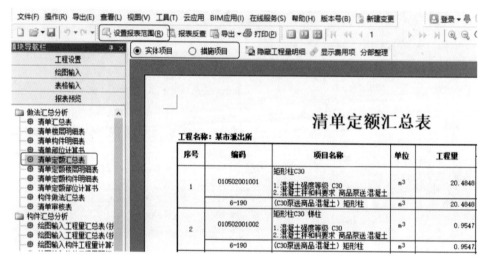

图 2-2-5　KZ-1 混凝土及模板做法套用

任 务 2　任 务 结 果

单击"汇总计算"后，单击"模块导航栏"的"报表预览"按钮，选择"做法汇总分析"下的"清单定额汇总表"，单击"设置报表范围"，只选择"框架柱"，单击"确定"按钮，即可查看框架柱及梯柱的混凝土清单和定额工程量，如图 2-2-6 所示。

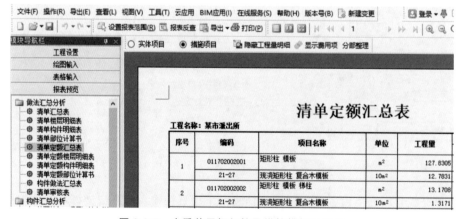

图 2-2-6　查看首层框架柱及梯柱混凝土工程量

如想查看措施项目的清单及定额工程量，即可单击图 2-2-6 中的"措施项目"单选按钮，即可查看首层框架柱及梯柱的模板清单和定额工程量，如图 2-2-7 所示。

图 2-2-7　查看首层框架柱及梯柱模板工程量

若想将结果导出，可单击菜单栏中的"导出"按钮，选择"导出到 Excel 文件（*.xls. | *.xlsx）"，如图 2-2-8 所示，即可导出 Excel 文件。

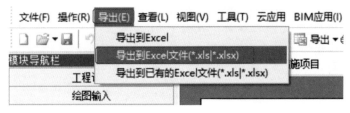

图 2-2-8 导出 Excel 文件

汇总计算，统计本层柱的混凝土工程量，见表 2-2-1。

表 2-2-1 柱清单定额汇总表（实体项目）

序号	项目名称及特征	单位	工程量
1	矩形柱 C30 1. 混凝土强度等级 C30 2. 混凝土拌和料要求 商品泵送混凝土	m³	20.4848
	（C30 泵送商品混凝土）矩形柱	m³	20.4848
2	矩形柱/梯柱 1. 混凝土强度等级 C30 2. 混凝土拌和料要求 商品泵送混凝土	m³	0.9547
	（C30 泵送商品混凝土）矩形柱	m³	0.9547

学习拓展

（1）柱构件包括柱和构造柱两项，梯柱建立在柱构件内，如图 2-2-9 所示。

（2）对"属性编辑框"中"附加"选项进行勾选，可对所定义的构件进行查看和区分，如图 2-2-10 所示。

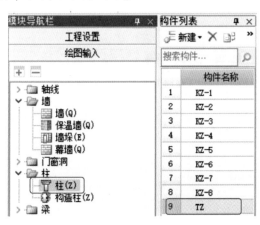

图 2-2-9 梯柱   图 2-2-10 附加选项

（3）由构件列表可知，首层及其他层有多个柱构件，如果一个一个套用清单和定额，较为费时，以下介绍快速套用清单和定额的两种方法，以提高套用效率。

方法一：将 KZ-1 的清单和定额套用完毕，单击菜单栏上的"做法刷"按钮，如图 2-2-11 所示。在弹出的提示栏中选择"覆盖"，在柱的列表中选择与 KZ-1 相同清单和定额的构件，如 KZ-2~KZ-8，单击"确定"按钮即可。有两点需要值得注意，一是执行做法刷功能时，软件默认为"追加"，若不选择为"覆盖"，有可能会重复套用清单和定额。二是做法刷功能是可以越层选择的，如果一层 KZ-1 与二层柱构件清单和定额相同，可在"2"的复选框中选择相应柱构件，如图 2-2-12 所示。

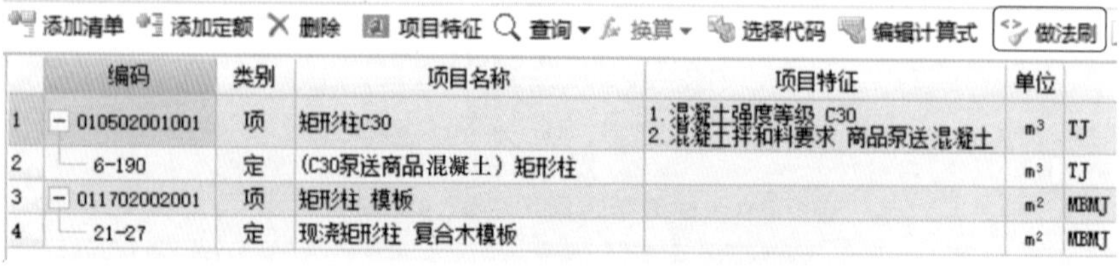

图 2-2-11　"做法刷"命令

图 2-2-12　选择构件 KZ-2~KZ-8

方法二：将 KZ-1 的清单和定额套用完毕，在构件列表中选择 KZ-2，单击菜单栏上的"选配"按钮，如图 2-2-13 所示。在弹出的提示栏中选择"KZ-1"，单击"确定"按钮即可，如图 2-2-14 所示。

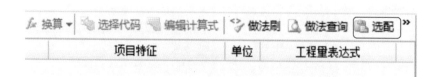

图 2-2-13　"选配"命令

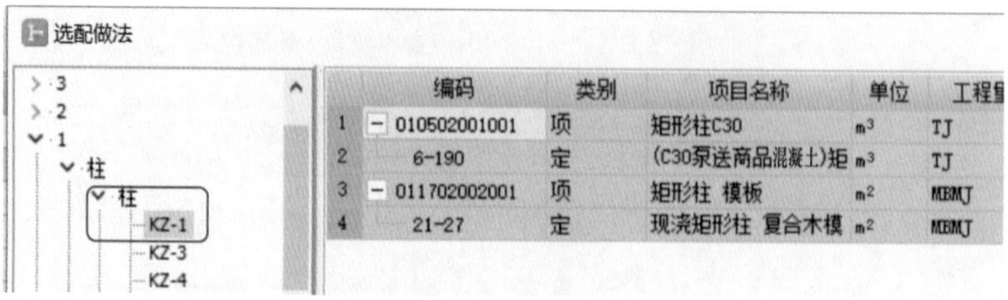

图 2-2-14　选择构件 KZ-1

从以上两种方法对比可知，做法刷功能是一对多，选配功能是一对一，从效率来看，推荐使用做法刷功能，不过还需要根据实际情况，选取合适的方法。

项目 3

首层梁（3.87m）的工程量计算

学习目标

- 能够依据清单和定额规则，分析梁的工程量计算规则。
- 能够识读结构设计说明获取梁的相关信息。
- 能够统计梁混凝土工程量。

首层梁的工
程量计算

任务1　软件操作

由于导入的钢筋文件内已经包含了梁构件，因此不需要再建立梁构件，仅需套用相应清单和定额即可。套用方法类似柱构件。

注意：只有梁四周没有板的时候，梁构件套用矩形梁清单，此种情况常出现在楼梯间；当梁四周有板时，梁需套用有梁板清单。在软件中梁构件定义界面"查询匹配清单"内，只有"矩形梁"和"矩形梁 模板"，如图2-3-1所示。

	查询匹配清单	查询匹配定额	查询清单库	查询匹配外部清单
	编码	清单项	单位
1	010503002	矩形梁	m³
2	010503003	异形梁	m³
3	010503006	弧形、拱形梁	m³
4	010510001	矩形梁	m³/根
5	010510002	异形梁	m³/根
6	010510004	拱形梁	m³/根
7	010510005	鱼腹式吊车梁	m³/根
8	010510006	其他梁	m³/根
9	011702006	矩形梁 模板	m²
10	011702007	异形梁 模板	m²
11	011702010	弧形、拱形梁 模板	m²

图 2-3-1　"查询梁匹配清单"界面

因此，一般采用以下三种套用方法套用梁的清单和定额。第一种方法是单击"查询清单库"按钮，单击"混凝土及钢筋混凝土工程"→"现浇混凝土板"，则出现"有梁板"清单，如图2-3-2所示，同理可以找到"有梁板 模板"的清单；之后单击"查询定额库"按钮，单击"混凝土工程"→"预拌混凝土泵送构件"→"泵送现浇构件"→"板"，则出现"泵送商品混凝土有梁板"的定额，如图 2-3-3 所示，同理可以找到"现浇板厚度<20cm 复合木模板"的定额。

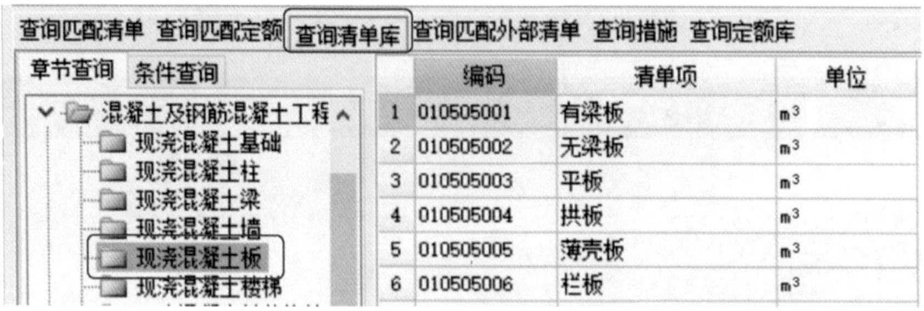

图 2-3-2　查询清单库

图 2-3-3　查询定额库

第二种方法是添加清单后，直接在清单输入栏中输入清单编码"010505001"，并补充后三位。添加定额后，直接在定额输入栏中输入定额编码"6-207"。此种方法适用于对清单和定额编码比较熟的情况。

> 注意：第一种方法和第二种方法套用清单和定额完毕后，需要检查"工程量表达式"，但我们发现，清单和定额对应的"工程量表达式"为空，如图 2-3-4 所示，这样会造成梁没有清单和定额工程量，因此，需要分别单击工程量表达式下面的蓝绿色和白色区域，在跳出的"选择工程量代码"提示栏中双击"体积"一栏，确定"工程量表达式"下面的输入框中出现"TJ"，如图 2-3-5 所示，单击"确定"按钮即可。

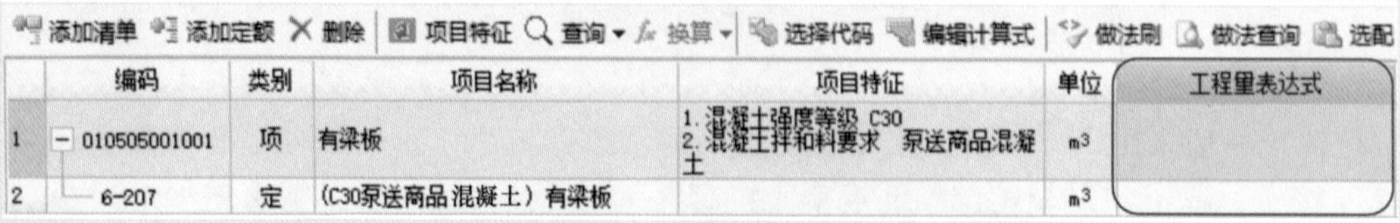

	编码	类别	项目名称	项目特征	单位	工程量表达式
1	☐ 010505001001	项	有梁板	1. 混凝土强度等级 C30 2. 混凝土拌和料要求　泵送商品混凝土	m³	
2	6-207	定	（C30泵送商品混凝土）有梁板		m³	

图 2-3-4　工程量表达式

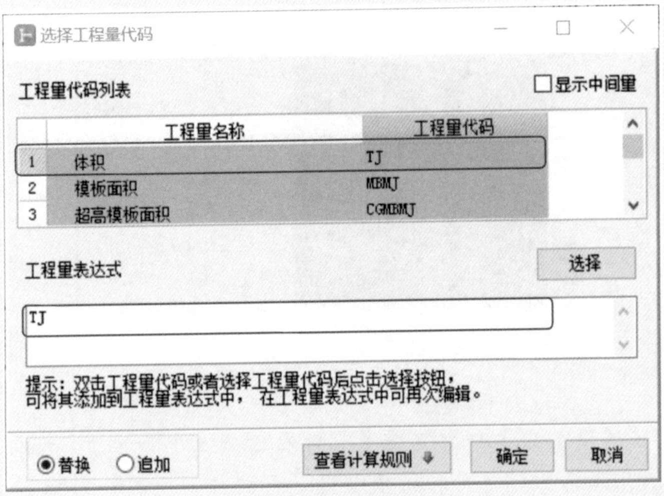

图 2-3-5 选择工程量代码

第三种方法是梁先不套用清单和定额，待板的清单和定额套用完毕后，再用做法刷功能，将板的清单和定额套用给梁。使用第三种方法，不需要自行套用"工程量表达式"，因此也是最推荐的方法。梁套用的清单和定额如图 2-3-6 所示。

	编码	类别	项目名称	项目特征	单位	工程量表达式
1	— 010505001001	项	有梁板	1. 混凝土强度等级 C30 2. 混凝土拌和料要求　泵送商品混凝土	m³	TJ
2	6-207	定	(C30泵送商品混凝土) 有梁板		m³	TJ
3	— 011702014001	项	有梁板　模板		m²	MBMJ
4	21-59	定	现浇板厚度＜20cm 复合木模板		m²	MBMJ

图 2-3-6 梁混凝土及模板套用的清单和定额

任务 2　任务结果

汇总计算，统计本层梁的混凝土工程量，见表 2-3-1。

表 2-3-1　梁清单定额汇总表 (实体项目)

序号	编码	项目名称及特征	单位	工程量
1	010505001001	有梁板 C30 1. 混凝土强度等级 C30 2. 混凝土拌和料要求 泵送商品混凝土	m³	1.6177
	6-207	(C30 泵送商品混凝土) 有梁板	m³	1.6177

学 习 拓 展

(1) 如遇曲梁，可单击菜单栏中"三点画弧"的下拉菜单，尝试利用"三点画弧"命令和"起点圆心终点画弧"命令绘制弧梁，并对比这两种方法有何不同，如图2-3-7所示。

图2-3-7 "三点画弧"命令

（2）若四周无板的梁需套用矩形梁清单，那么需利用"打断"→"单打断"命令将梁打断，如图2-3-8所示。请思考，利用打断命令将梁打断后，是否会对梁的混凝土工程量产生影响？

图2-3-8 "打断"命令

项目4

首层板（3.87m）的工程量计算

学习目标

- 能够依据清单和定额规则，分析板的工程量计算规则。
- 能够识读结构设计说明获取板的相关信息。
- 能够统计板混凝土工程量。

任务1 软件操作

由于导入的钢筋文件内已经包含了板构件，因此不需要再建立板构件，仅需套用相应清单和定额。套用结果与梁构件相同。板套用的清单和定额如图2-4-1所示。

首层板的工程量计算

	编码	类别	项目名称	项目特征	单位	工程量表达式
1	− 010505001001	项	有梁板	1. 混凝土强度等级 C30 2. 混凝土拌和料要求 泵送商品混凝土	m³	TJ
2	6-207	定	（C30泵送商品混凝土）有梁板		m³	TJ
3	− 011702014001	项	有梁板 模板		m²	MBMJ
4	21-59	定	现浇板厚度＜20cm 复合木模板		m²	MBMJ

图 2-4-1 板混凝土及模板套用的清单和定额

任务2 任务结果

汇总计算，统计本层板的混凝土工程量，见表 2-4-1。

表 2-4-1 板清单定额汇总表（实体项目）

序号	编码	项目名称及特征	单位	工程量
1	010505001001	有梁板\C30 1. 混凝土强度等级 C30 2. 混凝土拌和料要求 泵送商品混凝土	m³	75.566
	6-207	（C30泵送商品混凝土）有梁板	m³	75.566

学习拓展

在很多工程实际图纸中，我们能在板平法施工图上看见后浇带，在软件中，绘制后浇带的方法为：首先正常绘制板图元，之后依次单击"模块导航栏"→"绘图输入"→"其它"→"后浇带（JD）"，在构件列表中单击"新建"按钮，在"属性编辑框"中"宽度（mm）"处（图 2-4-2），按照图纸正确输入后浇带宽度，之后用"直线"命令绘制到图中。

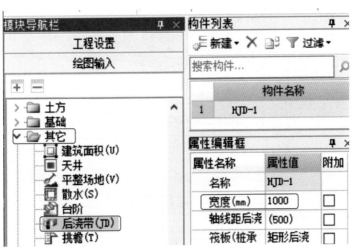

图 2-4-2 新建后浇带

项目 5

首层砌体墙的工程量计算

任务 1 软 件 操 作

首层砌体墙的
工程量计算

由于导入的钢筋文件内已经包含了砌体墙构件，因此不需要再建立砌体墙构件，仅需套用相应清单和定额。

（1）100mm 厚砌体内墙套用的清单和定额，如图 2-5-1 所示。

	编码	类别	项目名称	项目特征	单位	工程量表达式
1	⊟ 010402001003	项	内墙\混凝土空心砌块100	1.墙体类型：±0.000以上内墙； 2.墙体厚度：100mm； 3.砖、砌块品种、规格、强度等级：MU10混凝土空心砌块，砌体容重不大于13.0kN/m³ 4.砂浆强度等级、配比：Mb7.5专用砂浆	m³	TJ
2	└ 4-16-1	定	(M7.5混合砂浆）普通混凝土小型空心砌块		m³	TJ

图 2-5-1 100mm 厚砌体内墙套用的清单和定额

（2）200mm 厚砌体内墙套用的清单和定额，如图 2-5-2 所示。

	编码	类别	项目名称	项目特征	单位	工程量表达式
1	⊟ 010402001002	项	内墙\混凝土空心砌块200	1.墙体类型：±0.000以上内墙； 2.墙体厚度：200mm； 3.砖、砌块品种、规格、强度等级：MU10混凝土空心砌块，砌体容重不大于13.0kN/m³ 4.砂浆强度等级、配比：Mb7.5专用砂浆	m³	TJ
2	└ 4-16-1	定	(M7.5混合砂浆）普通混凝土小型空心砌块		m³	TJ

图 2-5-2 200mm 厚砌体内墙套用的清单和定额

（3）200mm 厚砌体外墙套用的清单和定额，如图 2-5-3 所示。

	编码	类别	项目名称	项目特征	单位	工程量表达式
1	⊟ 010402001001	项	外墙\混凝土空心砌块200	1.墙体类型：±0.000以上外墙； 2.墙体厚度：200mm； 3.砖、砌块品种、规格、强度等级：MU10混凝土空心砌块，砌体容重不大于13.0kN/m³ 4.砂浆强度等级、配比：Mb7.5专用砂浆	m³	TJ
2	└ 4-16-1	定	(M7.5混合砂浆）普通混凝土小型空心砌块		m³	TJ

图 2-5-3 200mm 厚砌体外墙套用的清单和定额

任务2 任务结果

汇总计算，统计本层砌体墙的砌体工程量，见表 2-5-1。

表 2-5-1 砌体墙清单定额汇总表（实体项目）

序号	编码	项目名称及特征	单位	工程量
1	010402001001	外墙\混凝土空心砌块 200 1. 墙体类型：±0.000 以上外墙 2. 墙体厚度：200mm 3. 砖、砌块品种、规格、强度等级：MU10 混凝土空心砌块，砌体容重不大于 13.0kN/m³ 4. 砂浆强度等级、配合比：Mb7.5 专用砂浆	m³	36.0165
	4-16-1	（M7.5 混合砂浆）普通混凝土小型空心砌块	m³	36.0165
2	010402001002	内墙\混凝土空心砌块 200 1. 墙体类型：±0.000 以上内墙 2. 墙体厚度：200mm 3. 砖、砌块品种、规格、强度等级：MU10 混凝土空心砌块，砌体容重不大于 13.0kN/m³ 4. 砂浆强度等级、配合比：Mb7.5 专用砂浆	m³	66.1162
	4-16-1	（M7.5 混合砂浆）普通混凝土小型空心砌块	m³	66.1162
3	010402001003	内墙\混凝土空心砌块 100 1. 墙体类型：±0.000 以上内墙 2. 墙体厚度：100mm 3. 砖、砌块品种、规格、强度等级：MU10 混凝土空心砌块，砌体容重不大于 13.0kN/m³ 4. 砂浆强度等级、配合比：Mb7.5 专用砂浆	m³	0.54
	4-16-1	（M7.5 混合砂浆）普通混凝土小型空心砌块	m³	0.54

学习拓展

（1）思考：建筑面积、平整场地、散水、装饰等项目的智能布置功能，若没有正确区分内、外墙，是否能绘制成功？

（2）在"构件列表"中单击"新建"按钮，在下拉菜单中第三项为"新建虚墙"，请思考虚墙是否存在墙体工程量？虚墙的作用是什么？

项目6

首层门窗、洞口的工程量计算

学习目标

- 能够依据清单和定额规则，分析门窗、洞口的工程量计算规则。
- 能够识读建筑施工图门窗表获取门窗、洞口的相关信息。
- 能够统计门窗、洞口工程量。

任务1 软件操作

门窗、洞口的定义和绘制方法已在模块一项目7中讲解，此处仅需套用清单和定额。

（1）金属门 AD0821 套用的清单和定额，如图2-6-1所示。

	编码	类别	项目名称	项目特征	单位	工程量表达式	表达式说明
1	010802001001	项	金属门\AD0821	铝合金门AD0821 800×2100	m²	DKMJ	DKMJ<洞口面积>
2	16-2	定	铝合金门 平开门及推拉门安装		m²	DKMJ	DKMJ<洞口面积>

图 2-6-1 门套用的清单和定额

（2）金属窗 AW1506 套用的清单和定额，如图2-6-2所示。

	编码	类别	项目名称	项目特征	单位	工程量表达式	表达式说明
1	010807001001	项	金属窗\AW1506	断热铝合金窗AW1506 1500×600	m²	DKMJ	DKMJ<洞口面积>
2	16-12	定	塑钢窗安装		m²	DKMJ	DKMJ<洞口面积>
3	B	补	补充子目 成品塑钢窗		m²	DKMJ	DKMJ<洞口面积>

图 2-6-2 窗套用的清单和定额

任务2 任务结果

汇总计算，统计本层门窗的工程量，见表2-6-1。

表 2-6-1 门窗清单定额工程量

序号	编码	项目名称及特征	单位	工程量
1	010801001001	木质门\WD0921 木门\WD0921 900×2100	m²	1.89
	16-32	镶板造型门安装	10m²	0.189
	9-32	木质防火门成品门扇	10m²	0.189
2	010802001001	金属门\AD0821 铝合金门 AD0821 800×2100	m²	1.68
	16-2	铝合金门 平开门及推拉门安装	10m²	0.168
	010802001002	金属门\AD0921 铝合金门 AD0921 900×2100	m²	18.9
3	16-2	铝合金门 平开门及推拉门安装	10m²	1.89
	010802001003	金属门\AD1521 铝合金门 AD1521 1500×2100	m²	6.3
	16-2	铝合金门 平开门及推拉门安装	10m²	0.63

（续）

序号	编码	项目名称及特征	单位	工程量
4	010802003002	钢质防火门\FD0921 甲级防火门 FD0921 900×2100	m²	1.89
	9-77	防火门	m²	1.89
	16-25	防火卷帘门 乙级安装	10m²	0.189
5	010807001001	金属窗\AW1506 断热铝合金窗 AW1506 1500×600	m²	13.5
	16-12	塑钢窗安装	10m²	1.35
	B	补充子目 成品塑钢窗	m²	13.5
6	010807001004	金属窗\DW6032 断热铝合金窗 DW6032 6000×3200	m²	19.2
	16-12	塑钢窗安装	10m²	1.92
	B	补充子目 成品塑钢窗	m²	19.2
7	010807001005	金属窗\DW16134 断热铝合金窗 DW16134 1600×13400	m²	42.88
	16-12	塑钢窗安装	10m²	4.288
	B	补充子目 成品塑钢窗	m²	42.88
8	010807001006	金属窗\JFW1506 甲级断热铝合金窗 JFW1506 1500×600	m²	0.9
	16-12	塑钢窗安装	10m²	0.09
9	010807001008	金属窗\AW1509 甲级断热铝合金窗 AW1509 1500×900	m²	1.35
	16-12	塑钢窗安装	10m²	0.135
	B	补充子目 成品塑钢窗	m²	1.35
10	010801001001	木质门\WD0921 木门 WD0921 900×2100	m²	0.135
	16-32	镶板造型门安装	10m²	0.189
	9-32	木质防火门成品门扇	10m²	0.189
11	010802001001	金属门\AD0821 铝合金门 AD0821 800×2100	m²	1.68
	16-2	铝合金门 平开门及推拉门安装	10m²	0.168

学 习 拓 展

（1）门窗、洞口属于墙体的依附构件，绘制门窗洞之前必须先绘制墙体，同时，墙体必须完整绘制，即在门窗洞口处不断开，这样门窗洞口才能正常放置在墙体上。

（2）菜单栏中有"智能布置"→"墙段中点"命令，尝试使用此命令进行门窗绘制，思考此命令的适用情况。

（3）若不考虑门窗、洞口上的圈梁或者过梁，为了提高绘图效率，应选择"点"命令还是"精确布置"命令？

项目 7
构造柱、圈梁、过梁的工程量计算

学习目标

- 能够依据清单和定额规则，分析构造柱、圈梁、过梁的工程量计算规则。
- 能够识读结构设计说明获取构造柱、圈梁、过梁的相关信息。
- 能够统计构造柱、圈梁、过梁混凝土工程量。

任务 1　识读施工图

通过识读图纸建施001建筑设计总说明内"五、墙体工程中 9. 填充墙砌体构造"可知：卫生间、浴室等有水房间，砌体墙底部均用C20细石混凝土浇筑200mm高止水带，厚度同墙厚。止水带用"圈梁"绘制。

构造柱、圈梁、过梁的工程量计算

任务 2　软 件 操 作

一、属性定义

由于导入的钢筋文件内已经包含了构造柱、过梁和圈梁（窗台压顶）构件，因此不需要再建立构造柱、过梁构件，仅需套用相应清单和定额。此处仅需要进行圈梁（止水带）的属性定义。方法同前文所述，圈梁（止水带）的属性定义，如图 2-7-1 所示。

二、做法套用

套用方法如前文所述。

（1）构造柱套用的清单和定额，如图 2-7-2 所示。

图 2-7-1 定义圈梁（止水带）属性

	编码	类别	项目名称	项目特征	单位	工程量表达式
1	— 010502002001	项	构造柱C25	构造柱、门框柱 1.混凝土强度等级 C25 2.混凝土拌和料要求 非泵送商品混凝土	m³	TJ
2	6-316	定	(C25非泵送商品混凝土)构造柱		m³	TJ
3	— 011702003001	项	构造柱 模板		m²	MBMJ
4	21-32	定	现浇构造柱 复合木模板		m²	MBMJ

图 2-7-2 构造柱套用的清单和定额

（2）圈梁（止水带）套用的清单和定额，如图 2-7-3 所示。圈梁（窗台压顶）套用的清单和定额，如图 2-7-4 所示。

	编码	类别	项目名称	项目特征	单位	工程量表达式
1	— 010503004001	项	圈梁	止水坎 1.混凝土强度等级 C20 2.混凝土拌和料要求 非泵送商品混凝土	m³	TJ
2	6-320	定	(C20非泵送商品混凝土)圈梁		m³	TJ
3	— 011702008001	项	圈梁 模板		m²	MBMJ
4	21-42	定	现浇圈梁、地坑支撑梁 复合木模板		m²	MBMJ

图 2-7-3 圈梁（止水带）套用的清单和定额

	编码	类别	项目名称	项目特征	单位	工程量表达式
1	— 010503004001	项	圈梁	窗台压顶 1.混凝土强度等级 C20 2.混凝土拌和料要求 非泵送商品混凝土	m³	TJ
2	6-128-1	定	(C20混凝土)钢筋砼水塔 钢筋混凝土圈梁及压顶		m³	TJ
3	— 011702008001	项	圈梁 模板		m²	MBMJ
4	21-42	定	现浇圈梁、地坑支撑梁 复合木模板		m²	MBMJ

图 2-7-4 圈梁（窗台压顶）套用的清单和定额

（3）过梁套用的清单和定额，如图 2-7-5 所示。

	编码	类别	项目名称	项目特征	单位	工程量表达式
1	— 010503005001	项	过梁C25	1.混凝土强度等级 C25 2.混凝土拌和料要求 非泵送商品混凝土	m³	TJ
2	6-321	定	(C25非泵送商品混凝土)过梁		m³	TJ
3	— 011702009001	项	过梁 模板		m²	MBMJ
4	21-44	定	现浇过梁 复合木模板		m²	MBMJ

图 2-7-5 过梁套用的清单和定额

任务3　任务结果

汇总计算，统计本层构造柱、圈梁、过梁的工程量，见表2-7-1。

表2-7-1　构造柱、圈梁、过梁清单定额工程量

序号	编码	项目名称及特征	单位	工程量
1	010502002001	构造柱 C25 构造柱、门框柱 1. 混凝土强度等级 C25 2. 混凝土拌和料要求 非泵送商品混凝土	m³	5.9293
	6-316	（C25 非泵送商品混凝土）构造柱	m³	5.9186
2	010503004001	圈梁 止水坎 1. 混凝土强度等级 C20 2. 混凝土拌和料要求 非泵送商品混凝土	m³	0.372
	6-320	（C20 非泵送商品混凝土）圈梁	m³	0.372
3	010503004002	圈梁 窗台压顶 1. 混凝土强度等级 C20 2. 混凝土拌和料要求 非泵送商品混凝土	m³	0.5688
	6-128-1	（C20 混凝土）钢筋混凝土水塔 钢筋混凝土圈梁及压顶	m³	0.5688
4	010503005001	过梁 C25 1. 混凝土强度等级 C25 2. 混凝土拌和料要求 非泵送商品混凝土	m³	1.4242
	6-321	（C25 非泵送商品混凝土）过梁	m³	1.4242

项目8

楼梯的工程量计算

学习目标

- 能够依据清单和定额规则，分析楼梯的工程量计算规则。
- 能够识读建筑施工图和结构施工图获取楼梯的相关信息。
- 能够统计楼梯混凝土工程量。

任务1　识读施工图

通过识读建筑结构施工图，找到：楼梯的结构形式、楼梯的具体尺寸。

通过识读图纸建施008一、二层平面图可知：本工程有两个楼梯，1#

楼梯的工程量计算

楼梯位于①~②轴之间，2#楼梯位于④~⑤轴之间。

任务2 软件操作

虽然在钢筋软件中已定义过楼梯，但没有形成实体的混凝土工程量，因此在土建中需要重新定义楼梯。定义楼梯有"新建楼梯"和"新建参数化楼梯"两种方法，可根据实际情况选用。下面以"新建楼梯"的方法建立1#楼梯，以"新建参数化楼梯"的方法建立2#楼梯，分别叙述这两种方法。

一、楼梯的定义

1."新建楼梯"命令

依次单击"模块导航栏"→"绘图输入"→"楼梯"→"楼梯"，在"构件列表"中单击"新建"按钮，在下拉菜单中选择"新建楼梯"，可以按照水平投影面积布置楼梯，如图2-8-1所示。

2."新建参数化楼梯"命令

在"构件列表"中单击"新建"按钮，在下拉菜单中选择"新建参数化楼梯"，可以布置参数化楼梯，以便于计算楼梯底面抹灰等装修工程的工程量，如图2-8-2所示。然后，在弹出的"选择参数化图形"界面，选择"标准双跑1"，单击"确定"按钮，如图2-8-3所示，在弹出的"编辑图形参数"界面，修改绿色字体信息，修改完毕单击"保存退出"按钮，如图2-8-4所示。

图 2-8-1 新建楼梯及属性

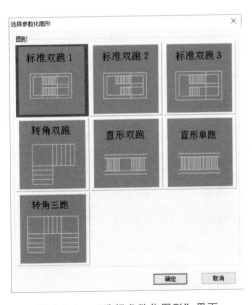

图 2-8-2 选择"新建参数化楼梯"

图 2-8-3 "选择参数化图形"界面

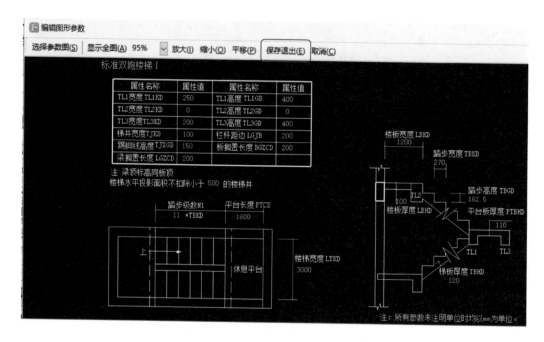

图 2-8-4　定义楼梯属性

二、楼梯画法讲解

1. 1#楼梯

通过识读图纸结施 012 中 1#楼梯结构详图可知，首层 1#楼梯的第一跑和第二跑长度不一致，因此，需要单击菜单栏中"矩形"命令，如图 2-8-5 所示，同时借助<Shift>+，鼠标左键的偏移命令实现楼梯的正确绘制，绘制完毕如图 2-8-6 所示。

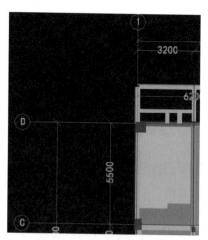

图 2-8-5　"矩形"命令　　　　　　　　　　　图 2-8-6　"1#"楼梯效果图

2. 2#楼梯

单击菜单栏中"点"命令，如图 2-8-7 所示，同时借助<Shift>+鼠标左键的偏移命令实现楼梯的正确绘制，绘制完毕如图 2-8-8 所示。

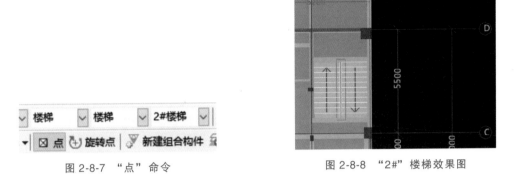

图 2-8-7 "点"命令

图 2-8-8 "2#"楼梯效果图

三、做法套用

楼梯套用的清单和定额，如图 2-8-9 所示。

	编码	类别	项目名称	项目特征	单位	工程量表达式
1	— 010506001001	项	直形楼梯\C30	1. 混凝土强度等级 C30 2. 混凝土拌和料要求 泵送商品混凝土	m²	TYMJ
2	6-213	定	（C30泵送商品砼）直形楼梯		m²水	TYMJ
3	— 6-218	定	（C30泵送商品砼）楼梯、雨篷、阳台、台阶混凝土含量每增减		m³	TTJ
4	— 011702024001	项	楼梯 模板		m²	TYMJ
5	21-74	定	现浇楼梯 复合木模板		m²水	MBMJ

图 2-8-9 楼梯套用的清单和定额

任 务 3   任 务 结 果

汇总计算，统计各层楼梯的工程量，见表 2-8-1。

表 2-8-1 楼梯清单定额工程量

序号	编码	项目名称	单位	工程量
1	010506001001	直形楼梯\C30 1. 混凝土强度等级 C30 2. 混凝土拌和料要求 泵送商品混凝土	m²	77.226
	6-213	（C30 泵送商品混凝土）直形楼梯	10m² 水平投影面积	7.7226
	6-218	（C30 泵送商品混凝土）楼梯、雨篷、阳台、台阶混凝土含量每增减	m³	2.9486

项目9

台阶、坡道、散水的工程量计算

学习目标

- 能够依据清单和定额规则，分析首层台阶、坡道和散水的工程量计算规则。
- 能够识读建筑施工图获取台阶、坡道、散水的相关信息。
- 能够统计台阶、坡道、散水工程量。

台阶、坡道、散水的工程量计算

任务1 识读施工图

通过识读建筑施工图，找到：

（1）台阶的宽度、高度及施工做法。

（2）坡道的宽度、长度及施工做法。

（3）散水的宽度、材料及施工做法。

通过识读图纸建施008 一、二层平面图，可以从一层平面图中得到台阶、散水的基本信息如下：

（1）台阶：东西立面各有一个台阶，台阶顶标高皆为−0.05m，踏步宽度皆为300mm，踏步个数皆为2。

（2）坡道：西立面上有一个坡道，宽度为1500mm，长度为3420mm，坡度为1∶12。

（3）散水：宽度为600mm，沿建筑物周围布置。散水大样见图纸建施014详图中⑨散水大样图。

任务2 软件操作

一、台阶、坡道、散水属性定义

1. 台阶属性定义

依次单击"模块导航栏"→"绘图输入"→"其它"→"台阶"，在"构件列表"中单击"新建"按钮，在下拉菜单中选择"新建台阶"，将名称改为"台阶"，同时根据图纸中台阶的尺寸标注，在属性编辑框中输入台阶的相关信息，如图2-9-1所示。

2. 坡道属性定义

依次单击"模块导航栏"→"绘图输入"→"其它"→"台阶"，在"构件列表"中单击"新建"按钮，在下拉菜单中选择"新建台阶"，将名称改为"坡道"，同时根据图纸中坡道的尺寸标注，在属性编辑框中输入坡道的相关信息，如图2-9-2所示。

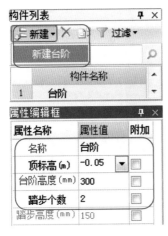

图 2-9-1　定义台阶属性

图 2-9-2　定义坡道属性

> 注意：因坡道的计算方法为水平投影面积，因此此处可忽略坡度，但会影响外墙装饰的工程量。

3. 散水属性定义

依次单击"模块导航栏"→"绘图输入"→"其它"→"散水"，在"构件列表"中单击"新建"按钮，在下拉菜单中选择"新建散水"，将名称改为"散水"，同时根据图纸中散水的大样，在"属性编辑框"中输入散水的相关信息，如图 2-9-3 所示。

二、台阶、坡道、散水画法讲解

1. "矩形"命令绘制台阶

绘制台阶的常用命令有"直线"和"矩形"命令，如图 2-9-4 所示。为提高绘图效率，一般采用"矩形"命令。另外，还需利用<Shift>+鼠标左键的偏移命令来辅助绘制。以东立面的台阶为例，介绍台阶的绘制方法。首先，单击菜单栏中"矩形"命令，按住<Shift>键的同时，单击 5 轴与 B 轴的交点，在弹出的提示栏中输入相应数据，如图 2-9-5 所示。再次单击 5 轴与 B 轴的交点，在弹出的提示栏中输入相应数据，如图 2-9-6 所示，到此，台阶布置完

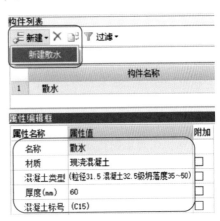

图 2-9-3　定义散水属性

成。单击图 2-9-4 中菜单中的"设置台阶踏步边"命令，单击选择踏步边，单击鼠标右键进行确认，在弹出的提示栏中输入踏步宽度，此处为"300"，如图 2-9-7 所示。

图 2-9-4　绘制台阶的常用命令

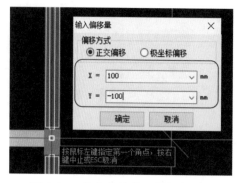

图 2-9-5　输入台阶第一个角点坐标

图 2-9-6　输入台阶第二个角点坐标

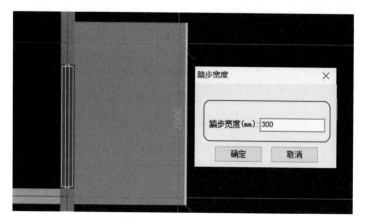

图 2-9-7　输入踏步宽度

2. "矩形"命令绘制坡道

坡道的绘制方法与台阶相同, 此处不再赘述。

3. "智能布置"命令绘制散水

散水的绘制一般常用"智能布置"命令。依次单击菜单栏中"智能布置"→"外墙外边线"命令, 在弹出的提示栏中输入"600", 单击"确定"按钮即可, 如图 2-9-8 所示。

图 2-9-8　"智能布置"命令绘制散水

三、做法套用

(1) 台阶套用的清单和定额, 如图 2-9-9 所示。

(2) 坡道套用的清单和定额, 如图 2-9-10 所示。

(3) 散水清套用的清单和定额, 如图 2-9-11 所示。

	编码	类别	项目名称	项目特征	单位	工程量表达式
1	⊟ 010507004001	项	台阶	台阶 1.100厚C15混凝土内配A6@200双向 2.200厚碎石或碎砖夯实 3.素土夯实	m²	TBSPTYMJ
2	6-351	定	(C20非泵送商品混凝土) 台阶		水平投影	PTSPTYMJ
3	13-9	定	垫层 碎石 干铺		m³	TBSPTYMJ*0.2
4	1-99	定	原土打底夯 地面		m²	TBSPTYMJ
5	⊟ 011107001001	项	石材台阶面	台阶 1.30厚烧毛面花岗岩石板 2.30厚1:3水泥砂浆	m²	TBSPTYMJ
6	13-49	定	石材块料面板水泥砂浆台阶		m²	TBSPTYMJ
7	⊟ 011102003002	项	G1\块料楼地面	台阶入口地面 1.10厚防滑地砖楼面,干水泥擦缝 2.撒素水泥面 3.40厚C20细石混凝土,内配A8@200双向单层随捣随抹 4.1.8厚聚氨酯二遍涂抹防水层,四周卷起300高 5.60厚C20细石混凝土随捣随抹上撒1:1水泥面砂压实找抹 6.300厚3:7碎石(砖)夯实 7.素土夯实	m²	PTSPTYMJ
8	13-47	定	石材块料面板水泥砂浆楼地面		m²	PTSPTYMJ
9	13-11-2	定	垫层 (C20混凝土)不分格		m³	PTSPTYMJ*0.06
10	13-7	定	垫层 碎砖 干铺		m³	PTSPTYMJ*0.3
11	1-99	定	原土打底夯 地面		m²	PTSPTYMJ
12	⊟ 010904002001	项	G1\楼地面涂膜防水		m²	PTSPTYMJ+TBKLMCMJ
13	10-116	定	刷聚氨脂防水涂料 (平面)二涂2.0mm		m²	PTSPTYMJ+TBKLMCMJ
14	011702027001	项	台阶 模板		m²	MJ+PTSPTYMJ
15	21-82	定	现浇台阶模板		m²水平投影面	MJ+PTSPTYMJ

图 2-9-9　台阶套用的清单和定额

	编码	类别	项目名称	项目特征	单位	工程量表达式
1	⊟ 010507001002	项	坡道	坡道 1.30厚烧毛面花岗岩石板 2.30厚1:3水泥砂浆 3.100厚C15混凝土内配A6@200双向 4.200厚碎石或碎砖夯实 5.素土夯实	m²	PTSPTYMJ
2	13-47	定	石材块料面板水泥砂浆楼地面		m²	
3	13-13	定	垫层 预拌混凝土(C15混凝土非泵送预拌混凝土不分格		m³	PTSPTYMJ*0.1
4	13-9	定	垫层 碎石 干铺		m³	PTSPTYMJ*0.2
5	1-99	定	原土打底夯 地面		m²	PTSPTYMJ

图 2-9-10　坡道套用的清单和定额

	编码	类别	项目名称	项目特征	单位	工程量表达式
1	⊟ 010507001001	项	散水	散水 1.20mm厚1:2.5水泥砂浆抹面 2.60mm厚C15混凝土 3.素土夯实	m²	MJ
2	13-26	定	水泥砂浆 加浆抹光随捣随抹 厚5mm		m²	MJ
3	13-13	定	垫层 预拌混凝土(C15混凝土非泵送预拌混凝土)不分格		m³	MJ*0.06
4	1-99	定	原土打底夯 地面		m²	MJ

图 2-9-11　散水套用的清单和定额

任务 3　任务结果

汇总计算，统计本层台阶、坡道、散水的工程量，见表 2-9-1。

表 2-9-1　台阶、坡道、散水清单定额工程量

序号	编码	项目名称	单位	工程量
1	010507004001	台阶 1. 30mm 厚烧毛面花岗岩石板 2. 30mm 厚 1：3 水泥砂浆 3. 100mm 厚 C15 混凝土内配 φ6@ 200 双向 4. 200mm 厚碎石或碎砖夯实 5. 素土夯实	m²	4. 41
	6-351	（C20 非泵送商品混凝土）台阶	10m² （水平投影面积）	0.9992
	13-9	垫层 碎石 干铺	m³	0.882
	1-99	原土打底夯 地面	10m²	0.441
2	010904002001	G1\楼地面涂膜防水	m²	20. 2075
	10-116	刷聚氨酯防水涂料（平面）二涂 2.0mm	10m²	2. 0207
3	011102003002	G1\块料楼地面 台阶入口地面 1. 10mm 厚防滑地砖楼面,干水泥擦缝 2. 撒素水泥面 3. 40mm 厚 C20 混凝土,内配 φ8@ 200 双向单层钢筋网,随捣随抹 4. 1.8mm 厚聚氨酯三遍涂抹防水层,四周卷起 300mm 高 5. 60mm 厚 C20 混凝土随捣随抹上撒 1：1 水泥黄砂压实抹光 6. 300mm 厚级配碎石（砖）夯实 7. 素土夯实	m²	9. 9925
	13-47	石材块料面板水泥砂浆楼地面	10m²	0.9992
	13-11-2	垫层（C20 混凝土）不分格	m³	0.5995
	13-7	垫层 碎砖 干铺	m³	2.9977
	1-99	原土打底夯 地面	10m²	0.9992
4	011107001001	石材台阶面	m²	4. 41
	13-49	石材块料面板水泥砂浆台阶	10m²	0.441
5	011107001001	石材台阶面（坡道）	m²	5. 13
	13-49	石材块料面板水泥砂浆台阶	10m²	0. 513
6	010507001002	坡道 1. 30mm 厚烧毛面花岗岩石板 2. 30mm 厚 1：3 水泥砂浆 3. 100mm 厚 C15 混凝土内配 φ6@ 200 双向 4. 200mm 厚碎石或碎砖夯实 5. 素土夯实	m²	5. 13

（续）

序号	编码	项目名称	单位	工程量
6	13-13	垫层 预拌混凝土(C15混凝土非泵送预拌混凝土)不分格	m^3	0.513
	13-9	垫层 碎石 干铺	m^3	1.026
	1-99	原土打底夯 地面	$10m^2$	0.513
7	010507001001	散水 1. 20mm 厚 1:2.5 水泥砂浆抹面 2. 60mm 厚 C15 混凝土 3. 素土夯实	m^2	40.938
	13-26	水泥砂浆 加浆抹光随捣随抹 厚 5mm	$10m^2$	4.0938
	13-13	垫层 预拌混凝土(C15混凝土非泵送预拌混凝土)不分格	m^3	2.4563
	1-99	原土打底夯 地面	$10m^2$	4.0938

学习拓展

请思考以下问题：

（1）当台阶仅有一阶时，是否需要设置台阶起始边？

（2）如何尽量减少坡道对外墙装饰工程量的影响？

（3）若先绘制散水，后绘制台阶和坡道，对工程量是否有影响？

（4）本工程的雨篷为钢雨篷，因此不在软件中绘制，若图纸中存在混凝土雨篷，依次单击"模块导航栏"→"绘图输入"→"其它"→"雨篷"，新建雨篷后，利用"矩形"命令绘制雨篷，特别注意，要修改"属性编辑器"中的"板厚"和"顶标高"两项数据。

项目 10

平整场地、建筑面积工程量计算

学习目标

- 能够依据清单和定额规则，分析平整场地、建筑面积的工程量计算规则。
- 能够统计平整场地、建筑面积的工程量。

任务 1 软件操作

平整场地、建筑面积工程量计算

一、属性定义

1. 平整场地属性定义

依次单击"模块导航栏"→"绘图输入"→"其它"→"平整场地"按钮，在"构件列表"

中单击"新建"按钮，在下拉菜单中选择"新建平整场地"，将名称改为"平整场地"，如图 2-10-1 所示。

2. 建筑面积属性定义

依次单击"模块导航栏"→"绘图输入"→"其它"→"建筑面积"，在"构件列表"中单击"新建"按钮，在下拉菜单中选择"新建建筑面积"，将名称改为"建筑面积"，如图 2-10-2 所示。

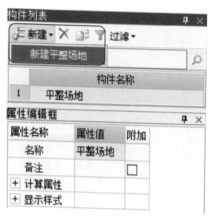

图 2-10-1　定义平整场地属性

图 2-10-2　定义建筑面积属性

二、画法讲解

1. "点"命令绘制平整场地

平整场地一般采用"点"命令进行绘制，此方法还可以检验外墙是否封闭，若不封闭，还可利用建立外虚墙的方法，将外墙封闭后，单击菜单栏中的"点"命令，即可完成绘制，如图 2-10-3 所示。

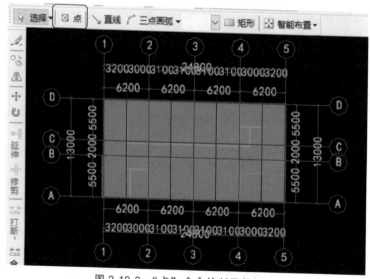

图 2-10-3　"点"命令绘制平整场地

2. "点"命令绘制建筑面积

建筑面积的绘制方法与平整场地相同，此处不再赘述。

三、做法套用

1. 平整场地套用的清单和定额，如图 2-10-4 所示。

	编码	类别	项目名称	项目特征	单位	工程量表达式	
1	⊟ 010101001001	项	平整场地	1.三类土 2.运距综合考虑	m²	MJ	
2	1-98	定	平整场地		m²	WF2MMJ	

图 2-10-4 平整场地套用的清单和定额

2. 建筑面积套用的清单和定额，如图 2-10-5 所示。

	编码	类别	项目名称	项目特征	单位	工程量表达式	
1	⊟ 011701001001	项	综合脚手架		m²	MJ	
2	20-6	定	综合脚手架檐高在12m,以上层高在5m内		m²	MJ	

图 2-10-5 建筑面积套用的清单和定额

任务2 任务结果

汇总计算，统计本层场地平整的工程量，见表 2-10-1。

表 2-10-1 平整场地清单定额工程量

序号	编码	项目名称	单位	工程量
1	010101001001	平整场地 1. 三类土 2. 运距综合考虑	m²	331.14
	1-98	平整场地	10m²	50.074

学习拓展

平整场地一般是计算首层建筑面积，若存在地下室，且地下室的建筑面积大于首层建筑面积时，平整场地以地下室的建筑面积为准。

项目 11

女儿墙的工程量计算

学习目标

- 能够依据清单和定额规则，分析女儿墙的工程量计算规则。
- 能够识读建筑施工图和结构施工图获取女儿墙的相关信息。
- 能够统计女儿墙工程量。

任务 1 识读施工图

女儿墙的
工程量计算

通过识读建筑结构施工图，找到：

（1）女儿墙高度、厚度。

（2）女儿墙材料、外形。

通过识读图纸建施 011 中 "1-1 剖面图"，可知女儿墙大样参见建施 014 节点⑧，同时，通过识读图纸结施 010 中女儿墙大样，可知女儿墙高度、墙厚、材质及外形等信息。

任务 2 软 件 操 作

一、属性定义

切换到屋面层，依次单击 "模块导航栏"→"绘图输入"→"墙"→"墙"，在 "构件列表"中单击 "新建" 按钮，在下拉菜单中选择 "新建异形墙"，如图 2-11-1 所示。在弹出的 "多边形编辑器" 窗口中，单击 "定义网格"，在输入框中输入相应数据，如图 2-11-2 所示。

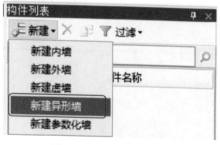

图 2-11-1 新建异形墙

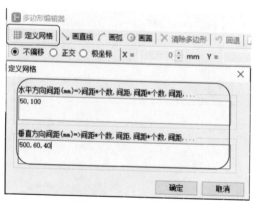

图 2-11-2 定义网格

单击“画直线”命令，将女儿墙外形绘制完毕，如图 2-11-3 所示。女儿墙属性如图 2-11-4 所示。

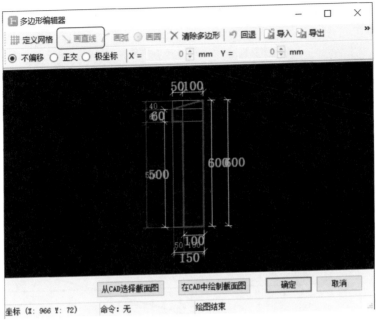

图 2-11-3 “画直线”命令

属性编辑框

属性名称	属性值	附加
名称	女儿墙	
类别	混凝土墙	☐
材质	现浇混凝土	☐
内/外墙标	外墙	☑
混凝土类型	(粒径31.5混凝土32.5级坍落度35~50)	☐
混凝土标号	(C30)	☐
截面形状	异形	☐
截面宽度(mm)	150	☐
截面高度(mm)	600	☐
截面面积(m²)	0.062	☐
截面周长(m)	1.465	☐
轴线距左墙	(75)	☐
起点底标高	层底标高	☐
终点底标高	层底标高	☐

图 2-11-4 女儿墙属性

二、画法讲解

女儿墙的绘制方法同墙体，此处不再赘述。

三、做法套用

女儿墙套用的清单和定额，如图 2-11-5 所示。

	编码	类别	项目名称	项目特征	单位	工程量表达式
1	— 010504001001	项	直形墙	1. 混凝土强度等级 C30 2. 混凝土拌和料要求 商品泵送混凝土	m³	TJ
2	6-201	定	(C30泵送商品混凝土) 地面以上直(圆) 形墙厚在 200mm内		m³	TJ

图 2-11-5　女儿墙套用的清单和定额

任务3　任务结果

汇总计算，统计女儿墙工程量，见表 2-11-1。

表 2-11-1　女儿墙清单定额工程量

序号	编码	项目名称	单位	工程量
1	010504001001	女儿墙 直形墙 1. 混凝土强度等级 C30 2. 混凝土拌和料要求 商品泵送混凝土	m³	5.1923
	6-201	（C30泵送商品混凝土）地面以上直(圆)形墙 厚在 200mm 内	m³	5.1923

学 习 拓 展

若女儿墙的材质由砌体墙身和混凝土压顶两部分组成，除了在墙体部分新建砌体墙外，还需在"其它"→"压顶"部分，新建矩形或者异形压顶。若女儿墙的材质是全混凝土，也可在"其它"→"栏板"中建立女儿墙。

项目 12

屋面工程量计算

学习目标

- 能够依据清单和定额规则，分析屋面防水的工程量计算规则。
- 能够识读建筑施工图和结构施工图获取屋面防水的相关信息。
- 能够统计屋面防水工程量。

任务 1　识读施工图

通过识读建筑结构施工图，找到：

屋面工程
量计算

（1）屋面的做法。

（2）屋面防水卷材的相关信息。

通过识读图纸建施 010"屋顶平面图"可知，本工程的屋面由平屋面和屋架组成。通过识读图纸建施 006"构造做法一览表"可知，14.100m 处为不上人屋面，卷材防水的起卷高度为 500mm。

任务2 软件操作

一、属性定义

依次单击"模块导航栏"→"绘图输入"→"其它"→"屋面"，在"构件列表"中单击"新建"按钮，在下拉菜单中选择"新建屋面"，建立好的屋面属性信息如图 2-12-1 所示。

二、画法讲解

屋面防水一般采用"智能布置"命令。具体方法为：单击菜单栏中"智能布置"按钮，选择"外墙内边线"，如图 2-12-2 所示，拉框选择所有外墙，单击鼠标右键进行确认。继续单击菜单栏中"定义屋面卷边"按钮，选择"设置所有边"，如图 2-12-3 所示。单击选择屋面，单击鼠标右键进行确认，在弹出的提示栏中输入起卷高度，单击"确定"按钮即可，如图 2-12-4 所示。

图 2-12-1 定义屋面防水属性

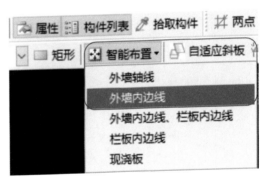

图 2-12-2 "智能布置"命令

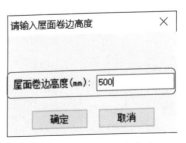

图 2-12-3 "定义屋面卷边"命令

图 2-12-4 输入卷边高度

三、做法套用

屋面防水套用的清单和定额，如图 2-12-5 所示。

	编码	类别	项目名称	项目特征	单位	工程量表达式
1	010902002001	项	屋面涂膜防水	不上人屋面，阳台 1.2.0mm厚聚氨酯二遍涂抹防水层，四周卷起500mm高 2.20mm厚1:3水泥砂浆找平层	m2	MJ
2	10-97	定	聚氨酯防水层 2mm厚		m2	FSMJ
3	010902003001	项	屋面刚性层\不上人屋面、阳台	不上人屋面，阳台50mm厚C30细石混凝土，内配φ4@100双向，设分格缝≤3.6m×4.5m(钢筋必须断开)，缝宽20mm，缝内嵌防水油膏起始处1m内0~20mm厚1:6水泥砂浆找坡1m外最薄处20mm厚	m2	FSMJ
4	10-74	定	刚性防水砂浆屋面有分格缝 25mm厚		m2	FSMJ
5	10-76	定	刚性防水砂浆屋面每增(减)5mm		m2	FSMJ
6	011001001001	项	保温隔热屋面\不上人屋面、阳台	不上人屋面，阳台 1.40mm厚成品聚氨酯复合保温板(A级) 2.20mm厚1:3水泥砂浆找平层 3.现浇屋面板	m2	MJ
7	11-18	定	不上人屋面喷涂改性聚氨酯硬体泡体防水保温厚度30mm		m2	MJ
8	011003001001	项	隔离层	不上人屋面，阳台 10mm厚1:3石灰砂浆隔离层	m2	MJ
9	10-90	定	石灰砂浆隔离层 3mm		m2	FSMJ

图 2-12-5 屋面套用的清单和定额

任务3 任务结果

汇总计算，统计本层工程量，见表 2-12-1。

表 2-12-1 屋面清单定额工程量

序号	编码	项目名称	单位	工程量
1	010902002001	屋面涂膜防水 不上人屋面，阳台 1. 2mm 厚聚氨酯二遍涂抹防水层，四周卷起500mm 高 2. 20mm 厚1：3 水泥砂浆找平层	m²	394.6975
	10-97	聚氨酯防水层 2mm 厚	10m²	46.2307
2	010902003001	屋面刚性层\不上人屋面、阳台不上人屋面，阳台50mm 厚 C30 细石混凝土，内配φ4@ 100 双向，设分格缝≤3.6m×4.5m(钢筋必须断开)，缝宽20mm，缝内嵌防水油膏起始处1m 内 0~20mm 厚1：6 水泥砂浆找坡1m 外最薄处 20mm 厚	m²	462.3074
	10-74	刚性防水砂浆屋面有分格缝 25mm 厚	10m²	46.2307
	10-76	刚性防水砂浆屋面每增(减)5mm	10m²	46.2307
3	011001001001	保温隔热屋面\不上人屋面、阳台 不上人屋面，阳台 1. 40mm 厚成品聚氨酯复合保温板(A 级) 2. 20mm 厚1：3 水泥砂浆找平层 3. 现浇屋面板	m²	394.6975

（续）

序号	编码	项目名称	单位	工程量
3	11-18	不上人屋面喷涂改性聚氨酯硬泡体防水保温厚度 30mm	$10m^2$	39.4697
4	011003001001	隔离层 不上人屋面,阳台 10mm 厚 1:3 石灰砂浆隔离层	m^2	394.6975
	10-90	石灰砂浆隔离层 3mm	$10m^2$	46.2307

项目 13

独立基础、垫层工程量计算

学习目标

- 能够依据清单和定额规则,分析独立基础、垫层的计算规则。
- 能够识读结构施工图获取独立基础、垫层的相关信息。
- 能够统计独立基础、垫层工程量。

任务1 识读施工图

独立基础、垫层工程量计算

通过识读结构施工图,找到:

（1）独立基础、垫层的材料、做法。

（2）独立基础、垫层的尺寸。

本工程独立基础混凝土等级为 C30。基础垫层厚度为 100mm,混凝土标号为 C15,顶标高为基础底标高,出边距离 100mm。

任务2 软件操作

一、属性定义

切换到基础层,依次单击"模块导航栏"→"绘图输入"→"基础"→"垫层",在"构件列表"中单击"新建"按钮,在下拉菜单中选择"新建面式垫层",如图 2-13-1 所示。垫层的属性定义,如图 2-13-2 所示。

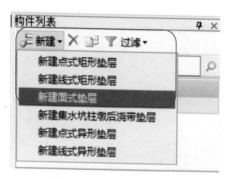

图 2-13-1　新建面式垫层

图 2-13-2　定义垫层属性

二、画法讲解

垫层一般采用"智能布置"命令。具体方法为：单击菜单栏中的"智能布置"按钮，选择"独基"，如图 2-13-3 所示，拉框选择所有独立基础，单击鼠标右键进行确认，在弹出的窗口中输入出边距离为"100"，如图 2-13-4 所示，单击"确定"按钮即可。

图 2-13-3　智能布置垫层

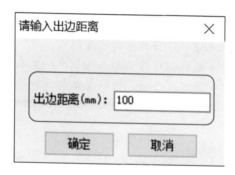

图 2-13-4　设置出边距离

三、做法套用

（1）垫层套用的清单和定额，如图 2-13-5 所示。

	编码	类别	项目名称	项目特征	单位	工程量表达式
1	⊟ 010501001001	项	垫层C15	1. 混凝土强度等级 C15 2. 混凝土拌和料要求　素混凝土	m³	TJ
2	6-1-1	定	(C15混凝土) 混凝土垫层现浇无筋		m³	TJ
3	⊟ 050402001001	项	现浇混凝土垫层 模板		m²	MBMJ
4	21-2	定	混凝土垫层 复合木模板		m²	MBMJ

图 2-13-5　垫层套用的清单和定额

（2）由于导入的钢筋文件内已经包含了独立基础构件，因此不需要再建立独立基础构件，仅需套用相应清单和定额。

独立基础套用的清单和定额，如图 2-13-6 所示。

	编码	类别	项目名称	项目特征	单位	工程量表达式
1	☐ 010501003001	项	独立基础C30	1. 混凝土强度等级 C30 2. 混凝土拌和料要求 泵送商品混凝土	m3	TJ
2	6-8-2	定	(C30混凝土）桩承台独立柱基基础		m³	TJ
3	☐ 011702001001	项	基础 模板		m²	MBMJ
4	21-12	定	现浇各种柱基、桩承台 复合木模板		m²	MBMJ

图 2-13-6　独立基础套用的清单和定额

任务3　任务结果

汇总计算，统计本层独立基础垫层的工程量，见表 2-13-1。

表 2-13-1　独立基础、垫层的清单定额工程量

序号	编码	项目名称	单位	工程量
1	010501001001	垫层 C15 1. 混凝土强度等级 C15 2. 混凝土拌和料要求：素混凝土	m³	27.764
	6-1-1	(C15 混凝土）混凝土垫层现浇无筋	m³	27.764
2	010501003001	独立基础 C30 1. 混凝土强度等级 C30 2. 混凝土拌和料要求：泵送商品混凝土	m³	127.2003
	6-8-2	(C30 混凝土）桩承台独立柱基基础	m³	127.2003

项目 14

土方工程量计算

学习目标

- 能够依据清单和定额规则，分析土方的工程量计算规则。
- 能够自动生成土方。
- 能够统计土方工程量。

任务1　识读施工图

土方工程
量计算

通过识读结构施工图，找到开挖深度、开挖方法。

通过识读图纸结施 004 "基础平面布置图" 可知，本工程土方属于挖基坑土方，可根据实际情况输入工作面及放坡等信息。

119

任务2　软件操作

一、自动生成土方

在垫层的界面下，单击菜单栏中的"自动生成土方"按钮，如图 2-14-1 所示。选择需要生成的土方类型及起始放坡位置，如图 2-14-2 所示。选择生成方式、生成范围、土方相关属性等，如图 2-14-3 所示，土方即可自动生成。

图 2-14-1　自动生成土方

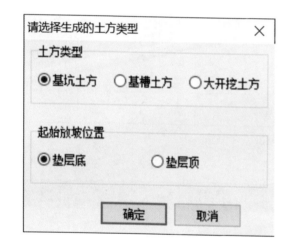

图 2-14-2　生成的土方类型

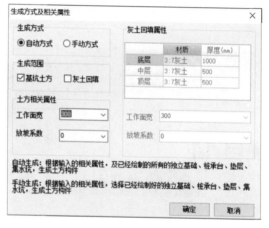

图 2-14-3　生成方式、生成范围及土方相关属性

二、做法套用

依次单击"模块导航栏"→"绘图输入"→"土方"→"基坑土方"按钮，切换到基坑土方的界面下，在界面套用做法。基坑土方套用的清单和定额，如图 2-14-4 所示。

	编码	类别	项目名称	项目特征	单位	工程量表达式
1	− 010101004001	项	挖基坑土方	1. 三类土 2. H=3600 3. 运距综合考虑	m³	TFTJ
2	1-7	定	人工挖三类干土深<1.5m		m³	TFTJ
3	1-14	定	人工挖土深>1.5m增加费 深<3m		m³	TFTJ
4	1-86+1-89*2	定	人工运(出)土 50m		m³	TFTJ

图 2-14-4　土方套用的清单和定额

任务3 任务结果

汇总计算，统计本层土方的工程量，见表 2-14-1。

表 2-14-1 土方的清单定额工程量

序号	编码	项目名称	单位	工程量
1	010101004001	挖基坑土方 1. 三类土 2. $H = 3600$mm 3. 运距综合考虑	m^3	1297.152
	1-7	人工挖三类干土深<1.5m	m^3	1297.152
	1-14	人工挖土深>1.5m 增加费 深<3m	m^3	1297.152
	1-86+1-89×2	人工运(出)土 50m	m^3	218.7

项目 15

首层装修工程量计算

学习目标

- 根据清单和定额规则，了解装修工程量计算规则。
- 识读建筑施工图装修表获取装修的相关信息。
- 能够定义楼地面、天棚、墙面、踢脚、吊顶属性。
- 能够在房间中添加依附构件。
- 能够统计首层的装修工程量。

任务1 识读施工图

通过识读建筑施工图，找到各个房间的装修做法。

通过识读图纸建施 006 "构造做法一览表"，可以得知首层地面、踢脚、墙面、天棚、吊顶等室内装修的具体做法。

首层装修工程量计算

任务2 软件操作

一、属性定义

1. 楼地面

依次单击"模块导航栏"→"绘图输入"→"装修"→"楼地面"按钮，在"构件列表"中单击"新建"按钮,在下拉菜单中选择"新建楼地面",楼地面的属性定义如图 2-15-1 所示。

2. 踢脚

依次单击"模块导航栏"→"绘图输入"→"装修"→"踢脚"按钮,在"构件列表"中单击"新建"按钮,在下拉菜单中选择"新建踢脚",踢脚的属性定义如图 2-15-2 所示。

图 2-15-1　新建并定义楼地面属性

图 2-15-2　新建并定义踢脚属性

3. 墙面

依次单击"模块导航栏"→"绘图输入"→"装修"→"墙面"按钮,在"构件列表"中单击"新建"按钮,在下拉菜单中选择"新建内墙面"或者"新建外墙面",瓷砖内墙面的属性定义如图 2-15-3 所示。

图 2-15-3　新建并定义墙面属性

4. 天棚

依次单击"模块导航栏"→"绘图输入"→"装修"→"天棚"按钮,在"构件列表"中单击"新建"按钮,在下拉菜单中选择"新建天棚",天棚的属性定义如图 2-15-4 所示。

5. 吊顶

分析图纸建施 006"构造做法一览表"按钮,可以得知吊顶距地的高度为 2900mm。依次单击"模块导航栏"→"绘图输入"→"装修"→"吊顶"按钮,在"构件列表"中单击"新建"按钮,在下拉菜单中选择"新建吊顶",吊顶的属性定义如图 2-15-5 所示。

图 2-15-4 新建并定义天棚属性

图 2-15-5 新建并定义吊顶属性

二、新建房间

依次单击"模块导航栏"→"绘图输入"→"装修"→"房间"按钮,在"构件列表"中单击"新建"按钮,在下拉菜单中选择"新建房间",建立好的房间如图 2-15-6 所示。切换到定义界面,通过"添加依附构件"功能,将具体的装修做法添加在房间中,如图 2-15-7 所示。

图 2-15-6 新建房间

图 2-15-7　添加房间的装修做法

三、房间的绘制

单击菜单栏中的"点"命令，按照不同房间类型，单击图中相应位置，装修即可自动布置。三维效果如图 2-15-8 所示。

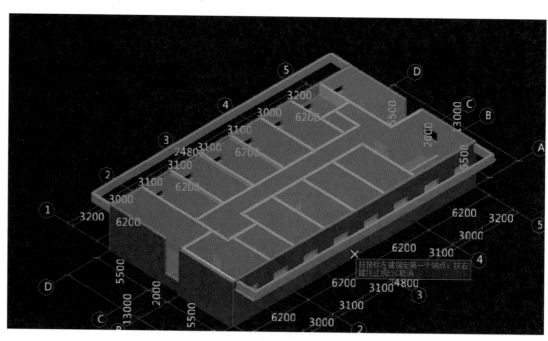

图 2-15-8　装修三维效果

四、做法套用

（1）楼地面套用的清单和定额，如图 2-15-9 所示。

（2）踢脚套用的清单和定额，如图 2-15-10 所示。

（3）内墙面套用的清单和定额，如图 2-15-11 所示。

	编码	类别	项目名称	项目特征	单位	工程量表达式
1	011102003001	项	G1\块料楼地面	防滑地砖地面 1.10mm厚防滑地砖楼面，干水泥擦缝 2.撒素水泥面 3.40mm厚C20混凝土，内配φ4@200双向单层钢筋网，随捣随抹 4.1.8mm厚聚氨酯三遍涂抹防水层，四周卷起300mm高 5.60mm厚C20混凝土随捣随抹上撒1:1水泥黄砂压实抹光 6.300mm厚级配碎石（砖）夯实 7.素土夯实	m²	KLDMJ
2	13-47	定	石材块料面板水泥砂浆楼地面		m²	KLDMJ
3	13-11-2	定	垫层（C20混凝土）不分格		m³	KLDMJ×0.3
4	13-7	定	垫层 碎砖 干铺		m³	KLDMJ×0.3
5	1-99	定	原土打底夯 地面		m²	KLDMJ
6	010904002001	项	G1\楼地面涂膜防水		m²	SPFSMJ+LMFSMJ
7	10-116	定	刷聚氨脂防水涂料（平面）二涂2.mm		m²	SPFSMJ+LMFSMJ

图 2-15-9　楼地面做法套用的清单和定额

	编码	类别	项目名称	项目特征	单位	工程量表达式
1	011105003001	项	S1\块料踢脚线	地砖踢脚（除卫生间、厨房)100mm高 1.8mm厚地砖素水泥擦缝 2.5mm厚1：1水泥砂浆结合层 3.12mm厚1：3水泥砂浆打底	m²	TJKLMJ
2	13-95	定	同质地砖踢脚线 水泥砂浆粘贴		m	TJKLCD*0.1
3	13-26	定	水泥砂浆 加浆抹光随捣随抹 厚5mm		m²	TJMHMJ

图 2-15-10　踢脚做法套用的清单和定额

	编码	类别	项目名称	项目特征	单位	工程量表达式
1	011204003001	项	IW2\块料墙面	瓷砖墙面（一、二层卫生间,厨房）H=3000mm 1.8mm厚瓷砖，白水泥擦缝 2.10mm厚1：2水泥砂浆抹面 3.12mm厚1：3水泥砂浆剖糙 4.1.8mm厚聚氨酯二遍涂抹防水层,（防水高度大雨1.8m） 5.混凝土墙、砖墙	m²	QMKLMJ
2	14-80	定	单块面积0.06m²以内墙砖 砂浆粘贴墙面		m²	QMKLMJ
3	13-26	定	水泥砂浆 加浆抹光随捣随抹 厚5mm		m²	QMMHMJ
4	010903002001	项	IW2\墙面涂膜防水		m²	QMKLMJ
5	10-117	定	刷聚氨脂防水涂料（立面）二涂2mm		m²	QMKLMJ

图 2-15-11　内墙做法套用的清单和定额

（4）天棚套用的清单和定额，如图 2-15-12 所示。

	编码	类别	项目名称	项目特征	单位	工程量表达式
1	011301001002	项	C5\天棚抹灰	刷（喷）平顶涂料（备勤室、楼梯间） 1.6mm厚1：2.5水泥砂浆粉面 2.6mm厚1：3水泥砂浆打底 3.刷素水泥浆一道 4.钢筋混凝土屋面板（预制板底用水加10%火碱清洗油腻）	m²	TPMHMJ
2	15-85	定	混凝土天棚 水泥砂浆面 现浇		m²	TPMHMJ
3	011407002003	项	C5\天棚喷刷涂料		m²	TPMHMJ
4	17-214	定	多彩涂料 天棚（二遍）抹灰面		m²	TPZSMJ

图 2-15-12　天棚做法套用的清单和定额

（5）吊顶套用的清单和定额，如图 2-15-13 所示。

	编码	类别	项目名称	项目特征	单位	工程量表达式
1	─ 011302001001	项	C1\吊顶天棚	PVC扣板吊顶（一、二层卫生间）H=2900mm 1. 三角龙骨30×33×0.6@600 2. 承载龙骨（C型）12×38×1.2@1200mm 3.Φ6钢筋吊杆，双向中距1200mm	m²	DDMJ
2	── 15-33	定	吊筋规格 H=750mm，Φ6		m²	DDMJ
3	── 15-11	定	装配式U型（上人型）轻钢龙骨 面层规格400mm×600mm 简单		m²	DDMJ
4	── 15-32	定	铝合金条板龙骨天棚 轻型		m²	DDMJ

图 2-15-13　吊顶做法套用的清单和定额

任务3　任务结果

汇总计算，统计本层装修的工程量，见表 2-15-1。

表 2-15-1　首层装修清单定额工程量

序号	编码	项目名称	单位	工程量
1	010903002001	IW2\墙面涂膜防水	m²	31.035
	10-117	刷聚氨酯防水涂料（立面）二涂 2mm	10m²	3.1035
2	010904002001	G1\楼地面涂膜防水	m²	374.784
	10-116	刷聚氨酯防水涂料（平面）二涂 2mm	10m²	37.4784
3	011001002001	C3\保温隔热天棚	m²	111.2445
	11-28	天棚聚苯乙烯泡沫板保温	10m²	11.1245
4	011001003001	EW1\保温隔热墙面 涂料外墙一 1. 外墙弹性涂料 2. 弹性底涂、柔性耐水腻子 3. 5mm厚强型抗裂沙浆复合耐碱玻纤网格布 4. 25mm厚成品聚氨酯复合保温板（A级） 5. 界面剂一道刷在保温板粘贴面上 6. 3mm厚专用粘结剂 7. 20mm厚1∶3水泥砂浆找平，内掺防水剂 8. 刷界面剂处理一道 9. 砖墙、混凝土墙	m²	267.5144
	17-197	外墙弹性涂料 二遍	10m²	26.5863
	11-39	外墙外保温聚苯乙烯挤塑板 厚度 25mm 混凝土墙面	10m²	26.5863

（续）

序号	编码	项目名称	单位	工程量
5	011102003001	G1\块料楼地面 防滑地砖地面 1. 10mm 厚防滑地砖楼面,干水泥擦缝 2. 撒素水泥面 3. 40mm 厚 C20 混凝土,内配 φ8@200 双向单层钢筋网,随捣随抹 4. 1.8mm 厚聚氨酯三遍涂抹防水层,四周卷起 300mm 高 5. 60mm 厚 C20 混凝土随捣随抹上撒 1:1 水泥黄砂压实抹光 6. 300mm 厚级配碎石(砖)夯实 7. 素土夯实	m²	291.8595
	13-11-2	垫层（C20 混凝土）不分格	m³	88.2996
	13-7	垫层 碎砖 干铺	m³	88.2996
	13-47	石材块料面板水泥砂浆楼地面	10m²	29.4332
	1-99	原土打底夯 地面	10m²	29.4332
6	011105003001	S1\块料踢脚线 地砖踢脚(除卫生间、厨房)100mm 高 1. 8mm 厚地砖素水泥擦缝 2. 5mm 厚 1:1 水泥砂浆结合层 3. 12mm 厚 1:3 水泥砂浆打底	m²	27.474
	13-95	同质地砖踢脚线 水泥砂浆粘贴	10m	2.7474
	13-26	水泥砂浆 加浆抹光随捣随抹 厚 5mm	10m²	3.005
7	011201001001	IW1\墙面一般抹灰 涂料墙面 喷内墙涂料(除 IW2) 1. 10mm 厚 1:2 水泥砂浆粉面压实抹光 2. 耐碱玻纤网格布一层 3. 15mm 厚 1:3 水泥砂浆打底 4. 混凝土墙、砖墙	m²	816.065
	14-9	砖墙内墙抹水泥砂浆	10m²	83.2439
	14-28	墙面耐碱玻纤网格布 一层	10m²	83.2439
8	011204003001	IW2\块料墙面 瓷砖墙面(一、二层卫生间,厨房)H=3000mm 1. 8mm 厚瓷砖,白水泥擦缝 2. 10mm 厚 1:2 水泥砂浆抹面 3. 12mm 厚 1:3 水泥砂浆刮糙 4. 1.8mm 厚聚氨酯三遍涂抹防水层,(防水高度大雨 1.8m) 5. 混凝土墙、砖墙	m²	31.035
	14-80	单块面积 0.06m² 以内墙砖 砂浆粘贴 墙面	10m²	3.1035
	13-26	水泥砂浆 加浆抹光随捣随抹 厚 5mm	10m²	3.1035

（续）

序号	编码	项目名称	单位	工程量
9	011301001001	C3\天棚抹灰 保温涂料顶板（二层外挑楼板底部） 1. 钢筋混凝土楼板 2. 20mm厚1:3水泥砂浆找平 3. 专用粘结层 4. 25mm厚成品聚氨酯复合保温板（A级） 5. 5mm厚加强型抗裂砂浆复合耐碱玻纤网格布 6. 弹性底涂、柔性耐水腻子 7. 外墙弹性涂料	m²	111.2445
	17-197	外墙弹性涂料 二遍	10m²	11.1245
	13-26	水泥砂浆 加浆抹光随捣随抹 厚5mm	10m²	0
	14-35	抗裂砂浆抹面4mm（网格布）	10m²	0
10	011301001002	C5\天棚抹灰 刷（喷）平顶涂料（备勤室、楼梯间） 1. 6mm厚1:2.5水泥砂浆粉面 2. 6mm厚1:3水泥砂浆打底 3. 刷素水泥浆一道 4. 钢筋混凝土屋面板（预制板底用水加10%火碱清洗油腻）	m²	20.111
	15-85	混凝土天棚 水泥砂浆面 现浇	10m²	2.0111
11	011302001001	C1\吊顶天棚 PVC扣板吊顶（一、二层卫生间）H=2900 1. 三角龙骨30×33×0.6@600 2. 承载龙骨（C型）12×38×1.2@1200 3. φ6钢筋吊杆，双向中距1200mm	m²	8.26
	15-33	吊筋规格 H=750mm φ6	10m²	0.826
	15-11	装配式U型（上人型）轻钢龙骨 面层规格400mm×600mm 简单	10m²	0.826
	15-32	铝合金条板龙骨天棚 轻型	10m²	0.826
12	011302001003	C2\吊顶天棚 600mm×600mm矿棉板（一、二层除C1、C3、C4、C5）H=2900mm 1. 轻钢中龙骨19mm×50mm×0.5mm，中距900mm 2. 轻钢打龙骨45mm×15mm×1.2mm（吊点负吊挂）中距900mm 3. φ8钢筋吊杆，双向吊点@900~1200mm 4. 钢筋混凝土板内埋φ6铁环，双向中短1000mm	m²	239.78
	15-57	矿棉板天棚面层 搁放在T形铝合金龙骨上	10m²	23.978
	15-34	吊筋规格 H=750mm φ8	10m²	23.978
	15-5	装配式U型（不上人型）轻钢龙骨 面层规格300mm×600mm 简单	10m²	23.978
	15-33	吊筋规格 H=750mm φ6	10m²	23.978

序号	编码	项目名称	单位	工程量
13	011407001001	EW1\墙面喷刷涂料 涂料外墙一 1. 外墙弹性涂料 2. 弹性底涂、柔性耐水腻子 3. 5mm厚强型抗裂砂浆复合耐碱玻纤网格布 4. 25mm厚成品聚氨酯复合保温板(A级) 5. 界面剂一道刷在保温板粘贴面上 6. 3mm厚专用粘结剂 7. 20mm厚1：3水泥砂浆找平,内掺防水剂 8. 刷界面剂处理一道 9. 砖墙、混凝土墙	m²	271.1271
	17-197	外墙弹性涂料 二遍	10m²	27.1127
	14-31	混凝土面刷界面剂	10m²	27.2742
	14-28	墙面耐碱玻纤网格布 一层	10m²	27.2742
	11-48	外墙外防水保温 喷涂改性聚氨酯硬泡体 20mm	10m²	27.2742
	11-49	外墙外防水保温 喷涂改性聚氨酯硬泡体 每增加5mm	10m²	27.2742
	13-26	水泥砂浆 加浆抹光随捣随抹 厚5mm	10m²	27.2742
14	011407001002	IW1\墙面喷刷涂料	m²	831.971
	17-210	多彩涂料(二遍)墙柱面 抹灰面	10m²	83.1971
15	011407002002	C3\天棚喷刷涂料	m²	111.2445
	17-214	多彩涂料 天棚(二遍) 抹灰面	10m²	11.1245
16	011407002003	C5\天棚喷刷涂料	m²	20.111
	17-214	多彩涂料 天棚(二遍) 抹灰面	10m²	2.0046

模块三　CAD识别

项目1

CAD 识别理论知识

学习目标

- 了解 CAD 识别的基本原理。
- 了解 CAD 识别的构件范围。
- 了解 CAD 识别的基本流程。

任务1　CAD 识别概述

（1）CAD 识别是软件依据建筑工程制图规则，从 CAD 的图纸中拾取图元及构件属性信息，快速完成工程建模的方法。同使用手工建模的方法一样，需要先提取图元，然后再根据图纸上的标注信息，完成图元与构件的联系。

（2）CAD 识别的效率取决于图纸的标准化程度。各类构件是否严格按照图层进行区分、各类尺寸或配筋信息是否按图层进行区分、标准方式是否按照制图标准进行，都直接影响 CAD 识别的效果。

（3）广联达 GGJ2013 和 GCL2013 软件中均提供了 CAD 识别的功能，可以识别图纸（.dwg 格式）文件，有利于快速完成工程建模的工作、提高工作效率。

（4）CAD 识别的文件类型主要包括：

1）CAD 图纸（.dwg 格式）文件。

2）支持 AutoCAD 2011/2010/2013/2008/2007/2006/2005/2004/2000 及 AutoCAD R14 版生成的图形格式文件。

任务 2 CAD 识别的构件范围及流程

一、CAD 识别的构件范围

在广联达 BIM 钢筋算量软件 GGJ2013 中 CAD 能够识别的构件范围见表 3-1-1。

表 3-1-1 CAD 能够识别的构件范围

表格类	楼层表	构件类	梁
	柱表		板
	门窗表		受力筋
构件类	轴网		负筋
	柱大样		独立基础
	柱		桩承台
	墙		桩
	门窗洞		

注意：

（1）"识别装修表"的功能体现在广联达 BIM 土建算量软件 GCL2013 中。

（2）钢筋级别符号在 CAD 中通常采用%%130、%%131、%%132、%%133 符号转化而来，利用广联达 BIM 钢筋算量 GGJ2013 软件识别钢筋信息时，需要确定钢筋等级信息已转化为 A、B、C 等软件能够识别的符号。

二、CAD 识别的流程

CAD 识别，是将 CAD 图纸中的线条及文字标注转化成广联达 BIM 钢筋算量 GGJ2013 软件或广联达 BIM 土建算量 GCL2013 软件中的基本构件图元（如轴网、梁、柱等），从而快速地完成构件的建模操作，提高整体绘图效率。

CAD 识别的基本方法为：

（1）新建工程，导入及整理图纸，并按照图纸建立楼层，进行相应的设置。

（2）识别轴网，再识别柱、梁、板、墙等其他构件。

（3）识别构件，按照绘图的基础顺序，先识别竖向构件，再识别水平构件。

下面以广联达 BIM 钢筋算量 GGJ2013 软件的 CAD 识别功能为例，介绍 CAD 识别的具体操作步骤，基本操作流程如图 3-1-1 所示。

构件识别的流程是：导入 CAD 图纸→转换符号→提取构件→识别构件。

识别的顺序是：楼层→表格构件（门窗表、连梁表、柱表）→轴网→柱→墙→梁→板→板钢筋→基础。

识别的过程与绘制构件类似，先首层再其他层，识别完一层的构件后，通过同样的方法识别其他楼层的构件，或是复制构件到其他楼层，修改不同之处，最后进行汇总计算。

图 3-1-1　CAD 识别操作流程图

项目2

导入 CAD 图和图纸整理

学习目标

- 能够导入 CAD 草图。
- 能够设置图纸比例。
- 能够整理 CAD 图纸。
- 能够完成钢筋符号的转化。

导入CAD图和图纸整理

任务1　任务分析

（1）在进行轴网和构件识别之前，首先要导入图纸，建议先将图纸在 CAD 软件中分成建筑图和结构图，以保证加快导入速度。

（2）图纸比例的正确性直接影响工程量的正确性，在提取构件之前，需要利用软件中"设置比例"的功能，检查图纸比例是否正确，如不正确，需要进行修改。

（3）图纸导入软件之后，软件对 CAD 图纸中绝大部分的钢筋符号可以实现自动转化，若出现不能识别的情况，可通过"符号转化"的功能进行转化。

任务2　软件操作

一、导入图纸

建立工程完毕之后，进入绘图 CAD 识别界面，选择"CAD 草图"，单击"添加图纸"按钮，在弹出的窗口中，选择某市派出所结构施工图，导入图纸，如图 3-2-1 所示。

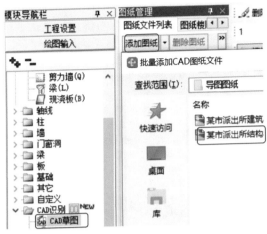

图 3-2-1 选择 CAD 图纸

二、设置比例

导入 CAD 图之后，需要检查图纸比例，如图纸比例与实际不符，则需要重新设置比例。方法为：在"CAD 草图"绘图工具栏中，单击"设置比例"按钮，根据提示，单击鼠标左键任意选择平行两点，软件自动量取两点距离，并弹出如图 3-2-2 所示的窗口。检查量取的数据是否与图纸标识数据相符，如不相符，则可在窗口中输入两点间实际尺寸（如"6000"），单击"确定"按钮，软件即可自动调整比例。

图 3-2-2 "设置比例"功能

三、整理图纸

图纸比例检查正确后，需要将整套结构图按照图名，分割成每张独立图纸，以便后续每种构件提取工作的顺序进行，具体方法如下。

（1）单击"整理图纸"按钮，选择"按图层选择"，单击鼠标左键选择图纸边框，单击鼠标右键进行确认。再单击图纸名称，单击鼠标右键进行确认，就完成了图纸的整理，如图 3-2-3 所示。整理完成后的图纸文件列表如图 3-2-4 所示。

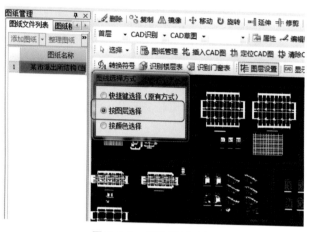

图 3-2-3　选择图纸边框

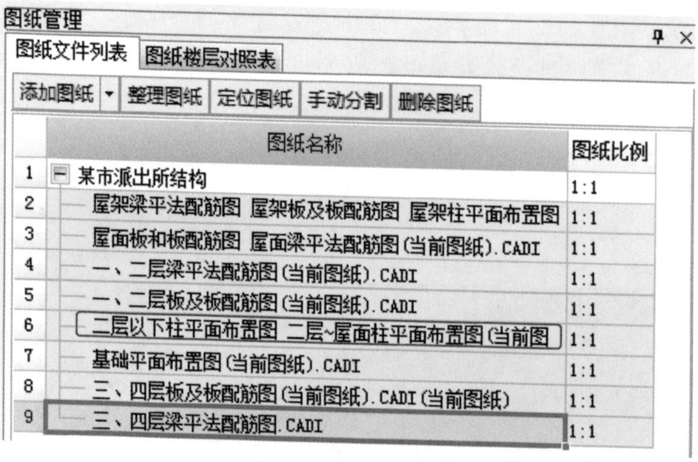

图 3-2-4　图纸文件列表

（2）对于使用"整理图纸"功能不能整理成功的图纸，可以使用"手动分割"来整理图纸。单击"手动分割"按钮，如图 3-2-5 所示，单击鼠标左键框选所需图纸，单击鼠标右键确认，在图纸中单击图纸名称，如不完整则手工输入补充完整，然后单击"确定"按钮即可，如图 3-2-6 所示。

四、定位图纸

整理图纸完成之后，可通过"定位图纸"的功能，将图纸的原点和软件的原点定位一致，具体方法如下。

（1）单击"定位图纸"按钮，如图 3-2-7 所示。软件会自动进行定位图纸操作。软件默认的原点即为轴网坐标轴的原点位置，一般无须改动。

（2）对于软件不能定位的图纸，软件会跳出"未定位的图纸在表格中用黄色显示"的

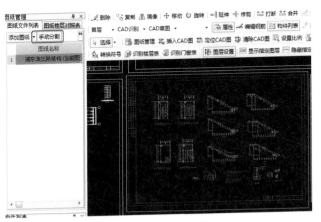

图 3-2-5 手动分割

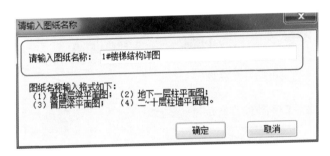

图 3-2-6 输入图纸名称

提示，如图 3-2-8 所示，未定位的图纸需要采用"定位 CAD 图"的功能来正确定位，因"定位 CAD 图"的步骤需要在轴网提取完成后进行，因此将在项目 4 中叙述。

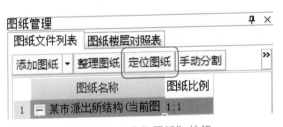

图 3-2-7 "定位图纸"按钮

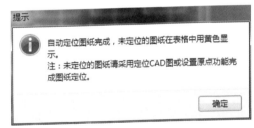

图 3-2-8 提示

五、符号转化

在识别构件之前时，需要检查导入后的图纸中是否出现了无法识别的钢筋符号，若出现，则进行"符号转化"的操作，具体步骤如下。

在"CAD 草图"图层下，单击工具栏中的"符号转化"按钮，将弹出"转换钢筋级别符号"的提示框，如图 3-2-9 所示。单击 CAD 图纸中需要转化的符号，软件将自动匹配相应的钢筋符号，如图 3-2-10 所示，若对应错误，可单击"钢筋软件符号"后的下拉菜单进行选择，确定正确后单击"转化"，则能将 CAD 符号转化为软件能识别的钢筋符号。

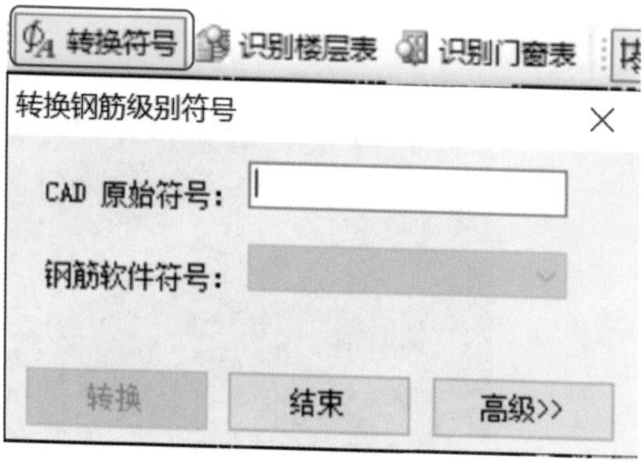

图 3-2-9　转换钢筋符号

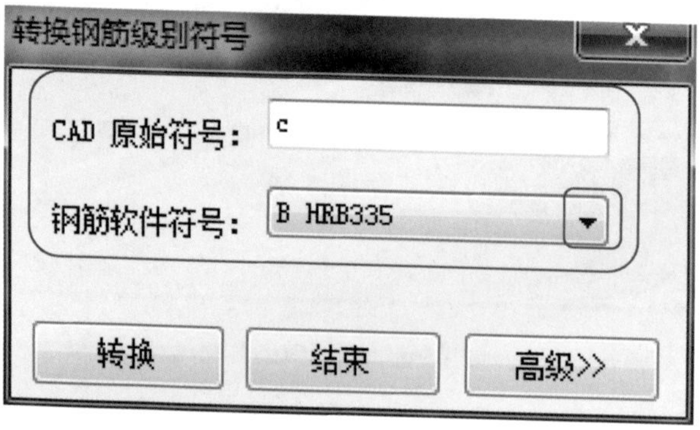

图 3-2-10　转换钢筋级别符号完成

项目 3

导入楼层表

学习目标

● 能够完成楼层表的导入。

任务 1　任务分析

在图纸结施 006～结施 011 中，图纸右上角能找到"结构层楼面标高"，可以利用软件"识别楼层表"的功能，识别"结构层楼面标高"，完成楼层表的导入。

导入楼层表

任务2 软件操作

单击"识别楼层表",单击鼠标左键框选图纸中的楼层表,单击鼠标右键进行确定,弹出"识别楼层表"窗口,在第一行第一列下拉菜单中选择"名称",单击鼠标"确定"按钮,如图3-3-1所示。之后,切换到"工程设置"→"楼层设置"界面,根据图纸结施004中基础底部标高,修改楼层设置中基础层高,修改完成后如图3-3-2所示。

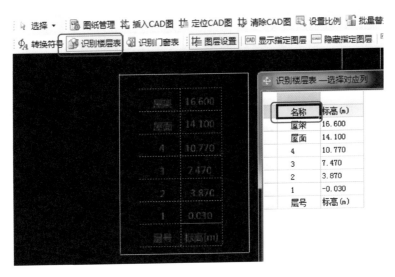

图 3-3-1 识别楼层表

	编码	楼层名称	层高(m)	首层	底标高(m)
1	6	屋架	3	□	16.6
2	5	屋面	2.5	□	14.1
3	4	4	3.33	□	10.77
4	3	3	3.3	□	7.47
5	2	2	3.6	□	3.87
6	1	1	3.9	☑	-0.03
7	0	基础层	3.77	□	-3.8

模块导航栏 工程设置：工程信息、比重设置、弯钩设置、损耗设置、计算设置、楼层设置

插入楼层 删除楼层 上移 下移

图 3-3-2 修改基础层高

> 注意:利用"识别楼层表"功能导入楼层表的原则是需要在楼层设置中仅存在"首层"和"基础层",未手动设置其他楼层时进行;否则,需要删除其他楼层后,再进行"识别楼层表"操作。

项目4

识别轴网和识别柱

学习目标

- 能够完成轴网的识别。
- 能够定位 CAD 图。
- 能够完成首层框架柱的识别。

任务1　任务分析

识别轴网和识别柱

（1）在进行构件识别之前，首先要识别轴网。

（2）轴网完成后，要单击"定位 CAD 图"功能，以保证轴网中①轴和 A 轴的交点和图纸中①轴和 A 轴的交点保持一致。

（3）CAD 识别柱有两种方法：用"识别柱表"或"识别柱大样"方法来生成柱构件属性。具体选择哪种方法，需要根据图纸提供的信息来确定，如图纸提供"柱表"，则采用"识别柱表"的方法生成柱构件属性；如图纸提供"柱大样"，则采用"识别柱大样"的方法生成柱构件属性。

任务2　软件操作

一、识别轴网

识别轴网之前，首先要正确选择图纸，一般选用柱图，具体步骤如下。

（1）双击图 3-2-4 图纸文件列表中的"二层以下柱平面布置图"，单击左侧导航栏中"识别轴网"命令，如图 3-4-1 所示。

（2）单击工具栏中的"提取轴线边线"命令，将弹出"图线选择方式"窗口，选择默认的"按图层选择"，如图 3-4-2 所示。

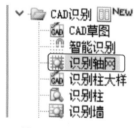

图 3-4-1　识别轴网

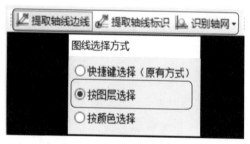

图 3-4-2　图线选择方式

（3）单击轴线，则全部轴线变成深蓝色，单击鼠标右键进行确定，如图 3-4-3 所示。单击工具栏中的"提取轴线标识"命令，选择所有轴线标识，全部轴线标识变成深蓝色，如图 3-4-4 所示。单击工具栏中的"识别轴网-自动识别轴网"命令，如图 3-4-5 所示，即可完成轴网的提取工作，完成后如图 3-4-6 所示。

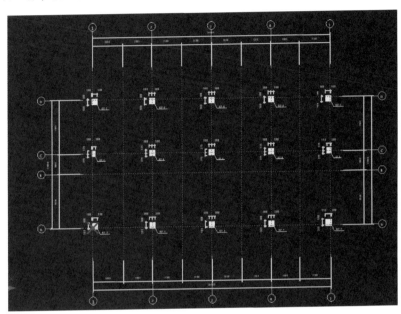

图 3-4-3　提取轴线边线

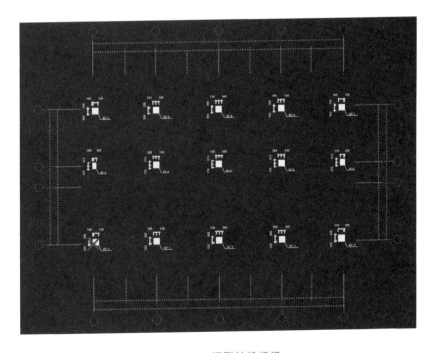

图 3-4-4　提取轴线标识

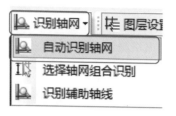

图 3-4-5 识别轴网

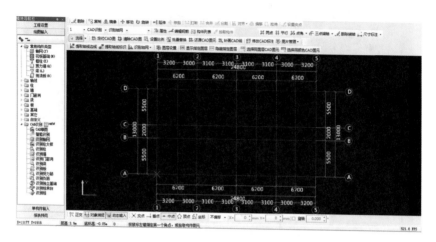

图 3-4-6 识别轴网完成

二、定位 CAD 图

轴网完成后，要检查轴网中①轴和 A 轴的交点和图纸中①轴和 A 轴的交点是否保持一致，如不一致，则需要借助工具栏中"定位 CAD"的功能，将其保持一致，如图 3-4-7 所示。具体步骤为，单击工具栏中的"定位 CAD 图"命令，选择图纸结施 005 中"二层以下柱平面布置图"中①轴和 A 轴的交点，将其移动到轴网中①轴和 A 轴的交点，即可完成定位，如图 3-4-8 所示。

> 注意：一旦切换图纸，如切换图纸为结施 006 以提取板构件时，也要检查轴网中①轴和 A 轴的交点和图纸中①轴和 A 轴的交点是否保持一致，如不一致，也需进行定位 CAD 图的工作，以下不再赘述。

图 3-4-7 定位 CAD 图功能

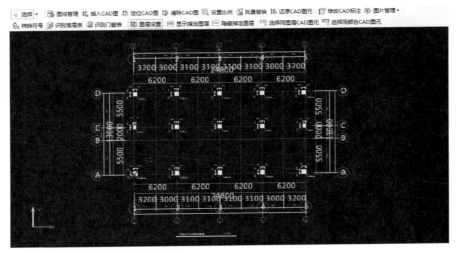

图 3-4-8　完成定位 CAD 图

三、识别柱

　　轴网识别完毕、定位 CAD 图完成后，就可以进行第一种构件的识别，按照力的传递顺序，一般选取柱构件。识别柱构件的基本思路是先提取柱的属性，后识别柱位置信息。提取柱的属性有两种方法，一种是识别柱表，另一种是识别柱大样，因本书图纸是柱表形式，因此在本书介绍识别柱表的方法。

　　1. 识别柱表生成柱构件

　　（1）单击左侧导航栏中的"识别柱"命令，如图 3-4-9 所示。

　　（2）单击工具栏中的"识别柱表"命令，如图 3-4-10 所示。软件可以识别普通柱表和广东柱表，广东省图纸可采用"识别广东柱表"。本工程非广东柱表，则选择"识别柱表"命令。

图 3-4-9　"识别柱"命令

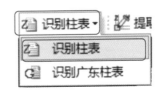

图 3-4-10　"识别柱表"命令

　　（3）框选结施 005 中要识别的柱表，单击鼠标右键进行确定。软件自动弹出"识别柱表—选择对应列"窗口，并自动匹配表头，如图 3-4-11 所示。在表格中，可以利用"批量替换""删除行""删除列""插入行""插入列"等功能，对表格内容进行核对和调整，并删除无用的部分，若表格调整完毕，则可单击"确定"按钮。

　　（4）在弹出"确认"的窗口中单击"是"，如图 3-4-12 所示，则进入"柱表定义"窗口。确定无误，单击"生成构件"，即完成识别柱表的操作，柱定义界面自动地生成识别的柱信息，如图 3-4-13 所示。

图 3-4-11 识别柱表

图 3-4-12 表格识别完成

柱表定义

柱列表:

柱号/标高(m)	楼层编号	b*h(mm)(圆柱直)	b1(mm)	b2(mm)	h1(mm)	h2(mm)	全部纵筋	角筋	b边一侧中部筋	h边一侧中部筋	箍筋
− KZ-1											4*4
-3.82~3.8	0, 1	600*600	300	300	300	300		4φ22	3φ20	3φ20	5*5
3.87~14.1	2, 3, 4	500*500	250	250	250	250		4φ22	2φ20	2φ20	
− KZ-2											4*4
-3.82~3.8	0, 1	600*600	300	300	300	300		4φ22	3φ20	3φ20	5*5
3.87~16.6	2, 3, 4, 5	500*500	250	250	250	250		4φ22	2φ20	2φ20	4*4
− KZ-3											4*4
-3.82~3.8	0, 1	600*600	300	300	300	300		4φ20	2φ20	2φ20	4*4
3.87~16.6	2, 3, 4, 5	500*500	250	250	250	250		4φ20	2φ18	2φ18	(4*4)
− KZ-4											4*4
-3.82~3.8	0, 1	600*600	300	300	300	300		4φ20	2φ20	2φ20	4*4
3.87~14.1	2, 3, 4	500*500	250	250	250	250		4φ20	2φ18	2φ18	(4*4)
− KZ-5											4*4
-3.82~3.14	0, 1, 2, 3, 4	400*600	200	200	300	300		4φ20	2φ20	2φ20	(4*4)
− KZ-6											4*4
-3.82~3.8	0, 1, 2, 3, 4	450*600	225	225	300	300		4φ22	2φ20	2φ20	(4*4)
− KZ-7											4*4
-3.82~3.8	0, 1	650*650	325	325	325	325		4φ25	3φ20	3φ20	5*5
3.87~14.1	2, 3, 4	500*500	250	250	250	250		4φ22	2φ20	2φ20	4*4
− KZ-8											4*4
-3.82~3.8	0, 1	600*600	300	300	300	300		4φ20	2φ20	2φ20	(4*4)
3.87~14.1	2, 3, 4	500*500	250	250	250	250		4φ20	2φ18	2φ18	(4*4)

复制单元格　粘贴单元格　　新建柱　新建柱层　删除　复制　生成构件　页面设置　　确定　取消

图 3-4-13 柱表信息

2. 识别柱的位置信息

单击工具栏中的"提取柱边线"命令，选择图纸结施005中"二层以下柱平面布置图"中柱边线，单击鼠标右键进行确认，如图 3-4-14 所示。

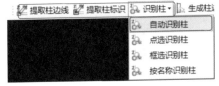

图 3-4-14　识别柱的流程

1) 单击工具栏中的"提取柱标识"命令，选择所有柱的标注及引线，单击鼠标右键进行确认，如图 3-4-14 所示。

2) 单击工具栏中的"识别柱-自动识别柱"命令，软件识别完成后会弹出识别柱构件的个数的提示，单击"确定"按钮，则完成柱构件的识别，如图 3-4-15 所示。

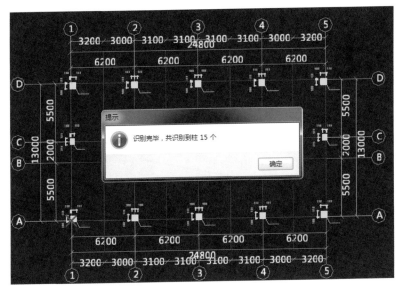

图 3-4-15　识别柱完成

项目 5

识别梁

学习目标

● 能够完成首层梁构件及梁钢筋的识别。

任务 1　任务分析

在柱识别完成之后，接着识别梁构件。因为柱是梁的支座，若柱的位

识别梁

置错误，梁的识别将出现大范围的报错，因此在识别梁之前，首先需要再次对照图纸结施005检查柱的位置。

梁的钢筋包括梁的集中标注和梁的原位标注，吊筋与附加箍筋，识别完毕后需检查是否有遗漏。

任务2 软件操作

识别梁的基本思路是提取梁边线和标志，提取梁钢筋的标注，识别梁，查改支座，识别原位标注，识别吊筋和附加箍筋。

一、提取梁边线、标志

（1）单击左侧导航栏中的"识别梁"命令，如图3-5-1所示。

（2）单击工具栏中的"提取梁边线"命令，选择图纸结施007中"二层梁平法配筋图"中梁边线，单击鼠标右键进行确认，如图3-5-2所示。

图3-5-1 识别梁

图3-5-2 提取梁边线和提取梁标注

二、提取梁标注

（1）单击工具栏中的"提取梁标注"→"自动提取梁标注"命令，如图3-5-2所示，选择所有梁的集中标注、原位标注及引线，单击鼠标右键进行确认。

（2）此时，软件会自动区分集中和原位标注，并弹出提示，如图3-5-3所示。

图3-5-3 提取梁标注提示

注意：提取梁标注包含3个功能，即自动提取梁标注、提取梁集中标注和提取梁原位标注。"自动提取梁标注"可一次提取CAD图中全部的梁标注，软件会自动区别梁原位标注与集中标注，一般用于集中标注与原位标注在同一图层的情况。如果集中标注与原位标注分别在两个图层，则分别采用"提取梁集中标注"和"提取梁原位标注"分别进行提取。提取完成之后，如图3-5-4所示。

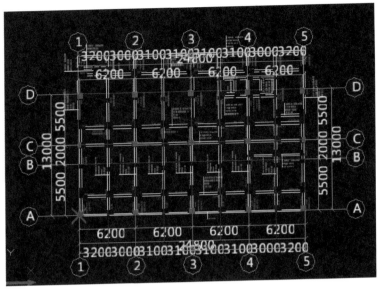

图 3-5-4　提取梁标注完成

三、识别梁

提取梁边线和标注完成后，接着进行识别梁构件的操作。

（1）单击工具栏中的"识别梁"→"自动识别梁"命令，软件会自动进行梁的识别，如图 3-5-5 所示。识别梁的功能分为"自动识别梁""点选识别梁""框选识别梁"3 种方法。"自动识别梁"能将图中所有梁一次性全部识别。

（2）"自动识别梁"完毕后，软件会弹出提示，如图 3-5-6 所示，这是提醒在识别梁之前，应先识别或者画完柱、混凝土墙等梁的支座，这样识别出来的梁会自动延伸到现有的柱、墙中，以保证计算结果的准确性。

图 3-5-5　识别梁

图 3-5-6　自动识别梁提示

（3）单击"是"按钮，软件则自动识别梁。粉色表示识别的梁的跨数与梁标注的跨数一致，而红色则表示不一致，需要检查并修改，如图 3-5-7 所示。

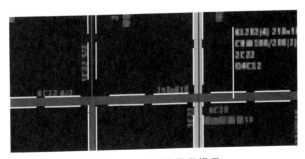

图 3-5-7　识别梁异常提示

四、查改支座

1. 梁跨校核

当识别梁完成之后，软件会自动启动"查改支座—梁跨校核"功能，对梁跨进行校核，也可以单击工具栏中的"查改支座"按钮运行此功能，如图 3-5-8 所示。

"梁跨校核"的作用是将软件提取到的跨数量和图纸中标注中的跨数对比，两者不同时弹出提示。如图 3-5-9 所示。在图 3-5-9 中，双击梁构件名称，软件可以自动定位到此梁。"编辑支座"功能：可直接在该窗口中调用"编辑支座"功能。"刷新"功能：对梁进行修改后，可实时调用"刷新"功能进行检查。"全部删除"功能：对存在问题的梁全部删除。

图 3-5-8 "查改支座"功能

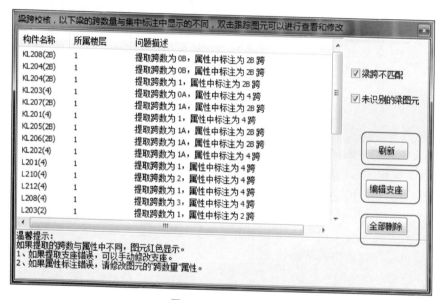

图 3-5-9 梁跨校核

2. 编辑支座

"编辑支座"功能可以"设置支座"和"删除支座"，如选择一根梁，运行"编辑支座"功能，命令行提示："按鼠标左键选择需要删除的支座点，或者选择作为支座的图无设置支座。"如要删除支座，直接点取图中支座点标识即可，若要增加支座，则点取作为支座的图元（如框架柱），单击"确定"按钮即可。

五、识别原位标注

识别梁构件完成之后，应识别原位标注。识别原位标注功能有 4 个，如图 3-5-10 所示。

（1）单击工具栏中的"自动识别梁原位标注"命令，可以将所有梁构件的原位标注批量识别。识别完成后弹出提示，如图 3-5-11 所示。

（2）单击"确定"按钮（图 3-5-11），完成识别。检查全图，看是否存在粉色的 CAD 标注，若存在，则需要单击"重捉梁跨"命令或是对梁进行原位标注。

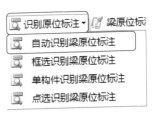

图 3-5-10 识别原位标注

图 3-5-11 原位标注识别完毕

注意：如果图中存在有梁的实际跨数与标注不符的情况，系统会弹出提示，此时使用"梁跨校核"进行修改即可。所有原位标注识别成功后，其颜色都会变为深蓝色，而未识别成功的原位标注保持粉色，方便查找和修改。

六、识别吊筋

所有梁识别完成之后，如果图纸中绘制了吊筋和次梁加筋，则可以使用"识别吊筋"功能对 CAD 图中的吊筋、次梁加筋进行识别。

1. 提取吊筋和标注

CAD 图中绘制有吊筋、加筋线和标注，通过提取，可以快速输入吊筋和加筋信息。

（1）单击绘图工具栏中的"识别吊筋"→"提取吊筋和标注"。

（2）根据提示选中吊筋和次梁加筋的钢筋线及标注（如无标注则不选），单击鼠标右键进行确定，完成吊筋和次梁加筋的提取。

2. 自动识别吊筋

（1）单击绘图工具栏中的"识别吊筋"→"自动识别吊筋"。如提取的吊筋和次梁加筋存在没有标注的情况，则弹出如图 3-5-12 所示的窗口。可以直接在窗口中进行修改，如图 3-5-13 所示。

图 3-5-12 输入吊筋信息 1

图 3-5-13 输入吊筋信息 2

（2）修改完成后，单击"确定"按钮，软件将自动识别所有提取的吊筋和次梁加筋。识别完成后弹出如图 3-5-14 所示的窗口。

图 3-5-14 识别吊筋完成

图中存在标注信息，按提取的钢筋信息进行识别，若图中无标注信息，则按输入的钢筋信息进行识别。

项目6

识别板筋

学习目标

● 能够完成首层板受力筋、板负筋的识别。

任务1 任务分析

识别板筋

在梁识别完成之后，接着识别板构件。因梁是板的支座，若梁的位置错误，板的识别将出现大范围的报错，因此在识别板之前，首先需要再次对照图纸结施007检查梁的位置。

板的钢筋包括底筋和面筋，底筋为受力筋，面筋包括跨板受力筋和负筋，识别完毕后需检查是否有遗漏。

任务2 软件操作

识别板的基本思路是识别板、识别受力筋、识别负筋，如图3-6-1所示。

一、识别板操作

（1）单击左侧导航栏中的"识别板"命令，如图3-6-1所示。

（2）单击"提取板标注"命令，如图3-6-2所示，在图纸结施006"二层板及板配筋图"中选择板标注（一般为板厚标注），图纸结施006中无板标注，此步骤可跳过。

（3）单击"提取支座线"命令，如图3-6-2所示，在图纸结施006"二层板及板配筋图"中选择板的支座线（本图纸为梁线），单击鼠标右键进行确认。

（4）单击"提取板洞线"按钮，如图3-6-2所示，在图纸结施006"二层板及板配筋图"中选择板洞线，单击鼠标右键进行确认。

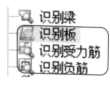

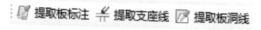

图3-6-1 识别板的基本流程

图3-6-2 识别板的基本流程

（5）单击"自动识别板"，则会弹出"识别板选项"窗口，单击"确定"按钮，如图3-6-3 所示。

（6）在弹出的"识别板"窗口中，输入板的厚度，此处输入"100"，单击"确定"按钮，如图3-6-4 所示，板即可识别成功。

图 3-6-3　自动识别板

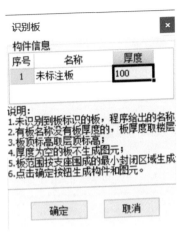

图 3-6-4　输入板厚

二、提取板钢筋线、标注

识别板成功后即可识别板筋，识别板筋首先需要提取板钢筋线。

（1）单击左侧导航栏中的"识别受力筋"命令，如图3-6-1 所示。

（2）单击"提取板钢筋线"命令，如图3-6-5 所示，在图纸结施006"二层板及板配筋图"中选择板的钢筋线，单击鼠标右键进行确认。

✓ 提取板钢筋线　　▦ 提取板钢筋标注

图 3-6-5　提取板钢筋线和提取板钢筋标注

（3）单击"提取板钢筋标注"命令，如图3-6-5 所示，在图纸结施006"二层板及板配筋图"中选择板钢筋线的标注，单击鼠标右键进行确认。

需要注意的是，如果 CAD 图中板受力筋与板负筋处在不同的图层，则需要分别进入"识别受力筋"和"识别负筋"界面，进行提取钢筋线和标注的操作。

三、自动识别板筋

提取板钢筋线、标注之后，可使用"自动识别板筋"功能来识别板的钢筋。

（1）在工具栏中单击"自动识别板筋"→"自动识别板筋"，如图3-6-6 所示。

（2）弹出提示，如图3-6-7 所示。

图 3-6-6　自动识别板筋

（3）单击"是"按钮（图3-6-7），继续弹出如图3-6-8所示的窗口，在窗口中可设置识别板筋的归属，软件支持板和筏板钢筋的自动识别，此处为板。如果图中存在没有标注信息的板钢筋线，可以在此窗口中输入无标注的钢筋线信息，输入完成后，单击"确定"按钮。

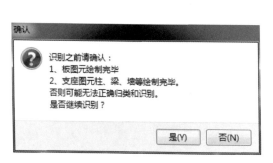

图3-6-7　识别前确认信息

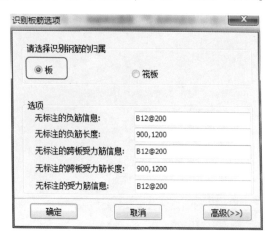

图3-6-8　识别钢筋归属

（4）软件自动对提取的钢筋线及标注进行搜索，搜索完成后弹出"自动识别板筋"窗口，如图3-6-9所示，此窗口中的内容可按照图纸进行修改。

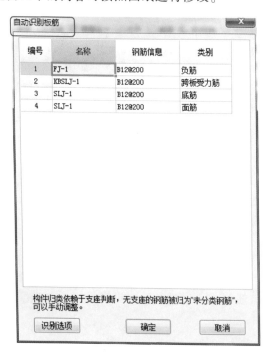

图3-6-9　"自动识别板筋"窗口1

最后，软件会根据提取的板筋信息（包含受力筋及负筋）自动识别钢筋。识别完成后，识别成功的板筋变为紫红色和黄色，负筋如图3-6-10所示。

图 3-6-10　板负筋识别成功

项目7

识别基础

学习目标

● 能够完成基础层独立基础的识别。

任务1　任务分析

因软件无法识别坡型基础和二阶及其以上阶型基础，也无法导入钢筋配筋信息，所以如本图纸结施004中的坡形基础，需先新建构件，定义好属性再进行识别。

任务2　软件操作

一、独立基础的定义

切换到"基础层"，以图纸结施004中JC-2为例，单击"新建独立基础"按钮，新建JC-2，如图3-7-1所示。再单击"新建参数化独立基础单元"按钮（图3-7-2）。根据表3-7-1所示的柱基配筋表和图纸结施005中各柱尺寸，输入各属性值，如图3-7-3、图3-7-4所示。

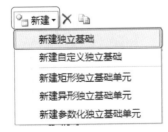

图 3-7-1　"新建独立基础"
按钮

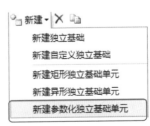

图 3-7-2　"新建参数化独立
基础单元"按钮

识别基础

表 3-7-1　柱基配筋表

柱基配筋表						
No.	A×B	H1	H2	As1	As2	备注
JC-1	3900×3900	350	350	Φ14@180	Φ14@180	
JC-2	4000×4000	350	350	Φ16@200	Φ16@200	
JC-3	4100×4100	300	400	Φ16@200	Φ16@200	
JC-4	3700×3700	350	350	Φ14@180	Φ14@180	
JC-5	4400×4400	350	450	Φ16@180	Φ16@180	

属性值输入（图 3-7-3 和图 3-7-4）：

（1）a、b：JC-2 的 A×B 为 4000mm×4000mm，则 a 和 b 分别输入"4000"和"4000"。

（2）a1、b1：JC-2 上的柱为 KZ-8，尺寸为 600mm×600mm，基础面从柱边每边向外扩 50mm，则 a1 和 b1 分别输入"700"和"700"。

（3）h：输入"350"。

（4）h1：输入"350"。

（5）横向受力筋：输入"C16-200"。

（6）纵向受力筋：输入"C16-200"。

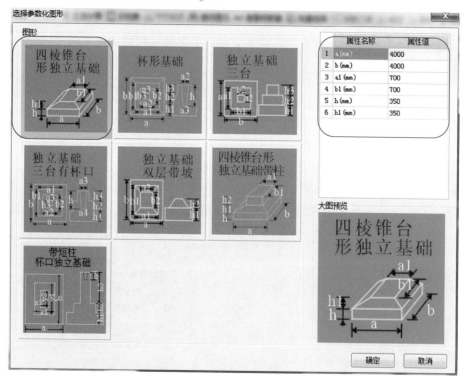

图 3-7-3　JC-2 属性输入（一）

二、提取边线及标识

（1）单击左侧导航栏中的"识别独立基础"命令，如图 3-7-5 所示，单击"提取独立基础边线"选项，如图 3-7-6 所示。

（2）通过"按图层选择"选择所有基础边线，被选中的边线全部变成深蓝色，单击鼠标右键进行确定，如图 3-7-7 所示。然后选择"提取独立基础标识"，按照同样的方法选中所有基础的标注图元，单击鼠标右键进行确定。

	属性名称	属性值	附加
1	名称	JC-2-2	
2	截面形状	四棱锥台形独立基础	☐
3	截面长度（mm）	4000	☐
4	截面宽度（mm）	4000	☐
5	高度（mm）	700	☐
6	相对底标高（m）	(0)	☐
7	横向受力筋	Φ16@200	☐
8	纵向受力筋	Φ16@200	☐
9	其它钢筋		
10	备注		☐
11	⊞ 锚固搭接		

图 3-7-4　JC-2 属性输入（二）

图 3-7-5　提取独立基础边线

图 3-7-6　提取独立基础边线及标识

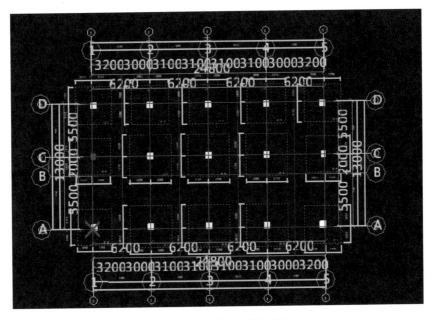

图 3-7-7　提取独立基础边线

三、识别独立基础

提取边线及标识后，进行识别基础的操作。单击"识别独立基础"→"自动识别独立基础"按钮（图 3-7-8），即可完成独立基础的识别，如弹出识别成功的提示，如图 3-7-9 所示，独立基础识别完成如图 3-7-10 所示。

图 3-7-8　识别基础

图 3-7-9　识别独立基础完成提示

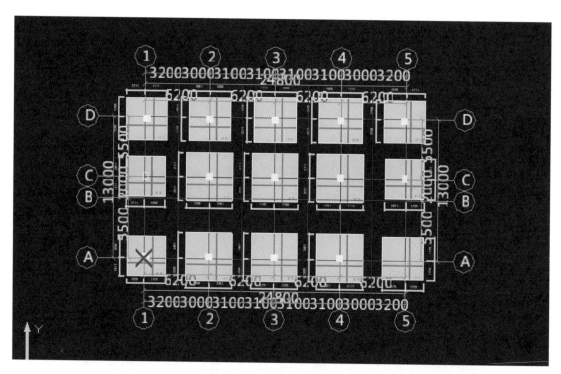

图 3-7-10　识别独立基础完成